U0451590

袁氏世范

(宋)袁采 著

刘云军 校注

商务印书馆
The Commercial Press
2017年·北京

图书在版编目（CIP）数据

袁氏世范 /（宋）袁采著；刘云军校注. — 北京：商务印书馆，2017
ISBN 978-7-100-14061-4

Ⅰ.①袁… Ⅱ.①袁… ②刘… Ⅲ.①家庭道德－中国－南宋 Ⅳ.①B823.1

中国版本图书馆CIP数据核字（2017）第132669号

权利保留，侵权必究。

袁氏世范

（宋）袁采 著
刘云军 校注

商 务 印 书 馆 出 版
（北京王府井大街36号 邮政编码100710）
商 务 印 书 馆 发 行
三河市尚艺印装有限公司印刷
ISBN 978-7-100-14061-4

2017年10月第1版　　开本 880×1230　1/32
2017年10月第1次印刷　印张 8
定价：36.00元

本书由教育部省属高校人文社科重点研究基地河北大学宋史研究中心基地建设经费、河北省人文社科重点研究基地建设经费、河北大学历史学强势特色学科建设经费、河北大学中国史学科"双一流"建设经费资助出版

前　言

袁采，字君载，衢州（今浙江衢州）人。南宋孝宗隆兴元年（1163）进士①，曾经"四宰剧邑"②，官至监登闻鼓院。袁采为官有政声，宋人杨万里称赞他："三衢儒先，州里称贤，励操坚正，顾行清苦，三作壮县，皆腾最声。"③据记载，除《袁氏世范》外，袁采尚撰有《乐清县志》④《秾欷子》《政和县志》《县令小录》《阅史三要》《经权中兴策》《千虑鄙说》《经界捷法》等著作⑤，惜乎多已散佚不存。

根据袁采同年刘镇为《袁氏世范》一书所作序言，可知《袁氏世范》撰写于袁采知温州乐清县时，初取名"俗训"。但刘镇认为该书"岂唯可以施之乐清，达诸四海可也；岂唯可以行之一时，垂诸后世可也"。建议将书名改为"世范"，《袁氏世范》一书由此而得名。

《袁氏世范》一书问世后，以其独特的魅力，为时人以及后人

---

① 《袁氏世范》序、弘治《衢州府志》卷9《人物·事功》。
② 嘉靖《衢州府志》卷10《人物记·事功列传》。淳熙、绍熙年间，袁采曾在浙东路温州乐清县（今浙江乐清）任职。
③ 《杨万里集笺校》卷70《荐举徐木袁采朱元之求杨祖政绩奏功》。《宋元学案》将袁采列入杨万里学案，见《宋元学案补遗》卷44《赵张诸儒学案补遗·袁先生采》。
④ 《直斋书录解题》卷8《地理类》。
⑤ 嘉靖《衢州府志》卷10《人物记·事功列传》。

所认同、推崇。而其魅力所在，笔者认为，就在于《袁氏世范》所传递出来的思想积极向上、高度鲜活并且贴近社会现实，无论任何阶层、职业之人，均能够从书中发现自己的影子，找寻到能够触动自己心灵的内容。

在中国古代所撰写的数量庞大的家规家训类著作中，相当一部分此类著作习惯于奉儒家经典语录为圭臬，力求言必有据，行必有由，表面上追求与先贤保持一致，实际上却造成陈义过高，非常人所能企及，出现理论与现实方枘圆凿的尴尬结局。

《袁氏世范》一书则完全不同，袁采虽然也以儒家思想为指导来撰写本书，并在论述中也时常引用一些经典话语，但他所谈及的内容均来自颇具质感的现实生活，没有为了迎合先贤理论而刻意削足适履来进行论述。如对宋代家庭、家族关系的描述，多是父慈子孝、兄友弟恭的和谐画面。不可否认这些记载中有真实的成分，但过多的类似记载让人容易忽视宋代家庭、家族关系中一些"不和谐"音符。相反，在诸如《名公书判清明集》等书中，我们看到的却是一个家庭、家族矛盾重重的宋代社会：父兄子侄、夫妻姻亲等都可能为了个人利益反目成仇，对簿公堂。如果说《名公书判清明集》是用一个个冷冰冰的具体案例来提醒我们宋代社会真实情景远比我们想象中要复杂得多，那么《袁氏世范》则从袁采个人视角给人们做出类似的提醒：父子可能不睦（如卷一《父子贵慈孝》《父兄不可辨曲直》《父母爱子贵均》等）、兄弟极易反目（如卷一《同居贵怀公心》《同居长幼贵和》《兄弟贵相爱》等）、子孙需严格管理（如卷一《子孙常宜关防》《子弟贪缪勿使仕宦》，卷二《门户当寒生不肖子》《子弟当谨交游》，卷三《狡狯子弟不可用》等）、善举却适得其反（如卷一《亲邻不宜频假贷》《收养义子当绝争端》《收养亲戚当虑后患》等）。袁采多次在县级任职，想必很多问题都是他亲眼所见，甚至亲身经历，所以才有感而发。

再比如对于人们津津乐道的姑表舅婚，袁采反而认为此类婚姻若出了问题，"反不若素不相识而骤议亲者"（卷一《因亲结亲尤当尽礼》）。这些观点，想必并非他凭空想象，背后肯定有现实依据。

《袁氏世范》一书通行本分"睦亲"、"处己"、"治家"三部分内容。"睦亲"以个人为中心，包括父母、兄弟、夫妇、妯娌、子侄、亲戚等各种宗亲、姻亲关系的处理。"处己"主要论述了关于个人修身、处世、言谈举止等道理。"治家"则讨论了居家安全、邻里相处、析产纷争等涉及家业兴衰的种种情形。袁采撰写此书目的是为了"厚人伦而美习俗"①，"息争省刑，俗还醇厚"②，故而《袁氏世范》书中的所有论述，均围绕这个目的而展开。笔者认为，对于今天的我们而言，撰写于近一千年前的《袁氏世范》一书提供给我们最大的价值，并非是对传统儒家理想家庭模式的描摹与向往（而这恰恰是中国古代许多家规、家训所极力追求的目标），而是在对更和谐的社会关系追求的前提下，不讳言宋代社会中存在的种种问题，从而给我们展现一个更加复杂、真实的宋代社会。

不可否认，《袁氏世范》所描述的宋人，多数情况下仍然是那些有一定经济基础、社会地位之人。但书中所指出的一些问题，则超越了阶级，具有普遍性。更富有价值的是，《袁氏世范》中所描

---

① 《袁氏世范》刘镇序。
② 《袁氏世范》袁采跋。

述的宋代社会中存在的诸多问题，恰恰是中国古代历朝历代都存在，甚至时至今日仍然继续存在的，这从另一方面反映了袁采深刻的洞察力与预见性，也使得《袁氏世范》一书跨越了时间的限度，具有了一定的普遍历史意义与价值。

《袁氏世范》问世后，其价值便得到世人的肯定与重视，表现之一是人们在谈论一些相关问题时会提及或引用《袁氏世范》。如宋人姚勉的族人谭孺人"尤喜阅书史，诵《袁氏世范》甚习，善相夫，乐教子，吾族之贤妇人也"①。元人元发在讨论过继之事时，特意征引《袁氏世范》加以说明。②上饶叶行叔"以其所闻于古、所见于今、可慕可叹者缉为《蒙训》一编"，被认为"有可与《袁氏世范》并行者"③。清代四库全书馆臣称赞该书为"《颜氏家训》之亚"，等等。

表现之二是在中国古代一些如《事林广记》④《居家必用事类大全》等日用百科类书中⑤，在"居家杂仪"部分，均摘录了《袁氏世范》的文字，表明该书已成为世人比较公认的居家、家训类的较为普及的"一般知识与思想"⑥。

---

① 《雪坡舍人集》卷50《谭氏孺人墓志铭》。
② 《梅岩文集》卷5《论过房》。
③ 《俟庵集》卷26《题叶行叔蒙训》。
④ 《纂图增新群书类要事林广记》乙集卷上《人事类》，《新编群书类要事林广记》庚集卷之5《治家规训》，所引《袁氏世范》文字并不完全相同。均见于中华书局1999年影印本《事林广记》。
⑤ 《新编居家必用事类全集》乙集《家法》，《北京图书馆古籍珍本丛刊》61，书目文献出版社2000年版。
⑥ "一般知识与思想"，葛兆光语，见氏著《中国思想史》导论，复旦大学出版社2005年版，第14页。

表现之三是《袁氏世范》的影响力还远及海外。如日本幕府时期、明治时期均曾出版过中文版《袁氏世范》。①20世纪40年代，还曾将其翻译成日语出版。②20世纪80年代，美国学者伊沛霞（Patricia Buckley Ebrey）在其著作"*Family and Property in Sung China: Yüan Ts'ai's Precepts for Social Life*"一书中将《袁氏世范》翻译成英文。此外，专门对《袁氏世范》进行分析的学术论著数量也颇为可观（见附录三"海内外袁采及《袁氏世范》部分研究论著"）。

最后谈一下本书的版本与整理：

《袁氏世范》完成于宋孝宗淳熙五年（1178），正式刊刻前，袁采同年刘镇为之作序。淳熙六年（1179），袁采撰后序③。宋光宗绍熙元年（1190），《袁氏世范》再版。明清时期，除单行本外，《袁氏世范》被收入多部丛书之中。

根据《直斋书录解题》以及刘镇序言可知④，《袁氏世范》原本为三卷。后世则有三卷本和一卷本行世，其中一卷本乃三卷本的摘抄本，篇幅仅及全书三分之一。中国国家图书馆所藏宋刻本《袁氏

---

① （宋）袁采著，（明）陈继儒订，〔日〕片山信校：《世范校本》，前川文荣堂嘉永三年（1850）序刊本。（宋）袁采著，（明）陈继儒订，〔日〕深井鉴一郎点：《校订世范》，仙台高桥藤七1892年排印本。
② （宋）袁采著，〔日〕西田太一郎译：《袁氏世范》，创元社1941年版。
③ 袁采序文见于宋刻本、宝颜堂秘笈本、四库全书本、知不足斋丛书本《世范》正文后，文字相同，唯文末系时不同。宝颜堂秘笈本、四库全书本作"淳熙己亥上元"，宋刻本、知不足斋丛书本作"绍熙改元"，系时的不同，应该是再版时书商的改动。因此，宝颜堂秘笈本、四库全书本可能来自《世范》初刻本，而宋刻本、知不足斋丛书本则属于再刻本。
④ 《直斋书录解题》卷10《杂家类》。

世范》(以下简称"宋刻本",已收入《中华再造善本·唐宋编》)为三卷本,正文后附有《集事诗鉴》三十条。据学者研究,此宋刻本并非初刻本,书中多用俗字,"似为宋末福建地区坊刻本"。此书经多人收藏,钤"袁表印"、"袁昶"、"袁聚印"、"应陛手记印"等印,《袁氏世范》正文有朱笔圈点和对底本误字的改动。《集事诗鉴》中有后人朱笔评论,书末还附有韩应陛的两条跋语①。虽然中国国家图书馆所藏宋刻本并非《袁氏世范》初刻本,但毕竟在现存诸本中,此本最接近本书原貌,故而此次整理,便以宋刻本为底本,并将后人评论与跋语等一并收录。宋刻本各条标题原在每条文字的天头且文字多有脱漏,此次整理,标题依据知不足斋丛书本补全,为了便于阅读,将标题移至各条文字之前,除有明显文字差异外,不另出校勘记。

对校本以三卷本系列为主,主要参校了知不足斋丛书本、文渊阁四库全书本、文津阁四库全书本、宝颜堂秘笈本等,一卷本系列则主要参校了说郛本(按:经过比对,青照堂丛书本与说郛本文字相同,故不单独作为参校本,仅收录了其中清人李元春的评语)。

此外,《事林广记》《居家必用事类全集》等日用百科全书中也征引了部分《袁氏世范》的文字,但文字多有裁剪合并,故而在校勘过程中不作为主要校本,仅择善而从。

本书的注释,除了对书中出现的人名、地名、字词、典故等进行注解外,还征引了一些相关史料加以补充说明。其中注释采用页下注,而校勘记则分列于各卷之后。

---

① 《中华再造善本总目提要·唐宋编·子部》,第337—338页。

需要说明的是,《袁氏世范》三卷本系列都号称从宋本而来(如四库全书本称系来自《永乐大典》所载宋本,知不足斋丛书本为鲍廷博从袁廷梼处得宋刊本,刻入丛书),但整理者通过文字比对发现,与宋刻本相比,明清诸本文字上多有差异,其中知不足斋丛书本、四库全书本文字多与宋刻本同,宝颜堂秘笈本则与诸本文字多有不同。另外,宋刻本、知不足斋丛书本《袁氏世范》正文后均附有《集事诗鉴》三十条,而宝颜堂秘笈本、四库全书本则均无此附录。相反,宝颜堂秘笈本(卷一缺"三代不可借用"一条)、四库全书本在卷一文末均比宋刻本和知不足斋丛书本多出一条("置义庄不若置义学")。是否《袁氏世范》在流传过程中有所补充或改动,抑或有不同宋本存在,待考。

《袁氏世范》一书此前已有天津古籍出版社1995年的简体校注本,本书整理过程中,标点和校注部分参考了这一整理本。郑州大学美术学院张典友教授热心帮我释读了宋刻本《袁氏世范》上的草书文字,特此说明并表示感谢。当然整理本中存在的问题,概由我一人负责。

目录

《袁氏世范》序   1
卷一 睦 亲
 性不可以强合   7
 人必贵于反思   9
 父子贵慈孝   10
 处家贵宽容   11
 父兄不可辨曲直   12
 人贵能处忍   12
 亲戚不可失欢   13
 家长尤当奉承   14
 顺适老人意   14
 孝行贵诚笃   15
 人不可不孝   16
 父母不可妄憎爱   17
 子弟须使有业   18
 子弟不可废学   19
 教子当在幼   21
 父母爱子贵均   21

父母常念子贫	22
子孙当爱惜	22
父母多爱幼子	23
祖父母多爱长孙	24
舅姑当奉承	24
同居贵怀公心	25
同居长幼贵和	25
兄弟贫富不齐	26
分析财产贵公当	26
同居不必私藏金宝	28
分业不必计较	29
兄弟贵相爱	30
众事宜各尽心	31
同居相处贵宽	31
友爱弟侄	32
和兄弟教子善	33
背后之言不可听	33
同居不可相讥议	34
妇女之言寡恩义	34
婢仆之言多间斗	36
亲邻不宜频假贷	37
亲旧贫者随力周济	37
子弟常宜关防	38
子弟贪缪勿使仕宦	40
家业兴替系子弟	41
养子长幼异宜	41
子多不可轻与人	42

养异姓子有碍	42
立嗣择昭穆相顺	43
庶孽遗腹宜早辨	44
三代不可借人用	44
收养义子当绝争端	45
孤女财产随嫁分给	46
孤女宜早议亲	46
再娶宜择贤妇	47
妇人不必预外事	48
寡妇治生难托人	49
男女不可幼议婚	49
议亲贵人物相当	50
嫁娶当父母择配偶	50
媒妁之言不可信	51
因亲结亲尤当尽礼	51
女子可怜宜加爱	52
妇人年老尤难处	53
收养亲戚当虑后患	53
分给财产务均平	54
遗嘱公平绝后患	55
遗嘱之文宜预为	56
置义庄不若置义学	56

卷二　处　己

人之智识有高下	63
处富贵不宜骄傲	63
礼不可因人分轻重	64

穷达自两途	65
世事更变皆天理	65
人生劳逸常相若	66
贫富定分任自然	67
忧患顺受则少安	68
谋事难成则永久	69
性有所偏在救失	69
人行有长短	70
人不可怀慢伪妒疑之心	71
人贵忠信笃敬	72
厚于责己而薄责人	73
处事当无愧心	73
为恶祷神为无益	74
公平正直人之当然	74
悔心为善之几	75
恶事可戒而不可为	76
善恶报应难穷诘	76
人能忍事则无争心	77
小人当敬远	78
老成之言更事多	78
君子有过必思改	79
言语贵简当	80
小人为恶不必谏	80
觉人不善知自警	81
门户当寒生不肖子	81
正己可以正人	82
浮言不足恤	83

诙巽之言多奸诈	83
凡事不为已甚	84
言语虑后则少怨尤	85
与人言语贵和颜	86
老人当敬重	87
与人交游贵和易	87
才行高人自服	88
小人作恶必天诛	88
君子小人有二等	89
居官居家本一理	90
小人难责以忠信	90
戒货假药	92
言貌重则有威	93
衣服不可侈异	94
居乡曲务平淡	94
妇女衣饰务洁静	94
礼者制欲之大闲	95
见得思义则无过	96
人为情惑则忘返	96
子弟当谨交游	96
家成于忧惧破于息忽	97
兴废有定理	98
用度宜量入为出	99
起家守成宜为悠久计	100
节用有常理	100
事贵预谋后则时失	101
居官居家本一理	102

子弟当习儒业 102
荒怠淫逸之患 103
周急贵乎当理 104
不可轻受人恩 104
受人恩惠当记省 105
人情厚薄勿深较 105
报怨以直乃公心 106
讼不可长 107
暴吏害民必天诛 108
民俗淳顽当求其实 109
官有科付之弊 110

卷三 治 家

宅舍关防贵周密 119
山居须置庄佃 119
夜间防盗宜警急 120
防盗宜巡逻 120
夜间逐盗宜详审 121
富家少蓄金帛免招盗 121
防盗宜多端 122
刻剥招盗之由 123
失物不可猜疑 123
睦邻里以防不虞 124
火起多从厨灶 125
焙物宿火宜徽戒 126
田家致火之由 126
致火不一类 127

小儿不可带金宝	127
小儿不可独游街市	127
小儿不可临深	128
亲宾不宜多强酒	128
婢仆奸盗宜深防	129
严内外之限	129
婢妾常宜防闭	130
侍婢不可不谨出入	130
婢妾不可供给	131
暮年不宜置宠妾	131
婢妾不可不谨防	132
美妾不可蓄	132
赌博非闺门所宜有	133
仆厮当取勤朴	133
轻诈之仆不可蓄	134
待婢仆当宽恕	134
奴仆不可深委任	135
顽很婢仆宜善遣	136
婢仆不可自鞭挞	137
教治婢仆有时	137
婢仆横逆宜详审	138
婢仆疾病当防备	140
婢仆当令饱暖	140
凡物各宜得所	141
人物之性皆贪生	141
求乳母令食失恩	142
雇女使年满当送还	143

婢仆得土人最善	*143*
雇婢仆要牙保分明	*144*
买婢妾当询来历	*144*
买婢妾当审可否	*145*
狡狯子弟不可用	*145*
淳谨幹人可付托	*146*
存恤佃客	*147*
佃仆不宜私假借	*148*
外人不宜入宅舍	*149*
溉田陂塘宜修治	*149*
修治陂塘其利博	*150*
桑木因时种植	*150*
邻里贵和同	*151*
田产界至宜分明	*152*
分析阄书宜详具	*153*
寄产避役多后患	*154*
冒户避役起争之端	*155*
析户宜早印阄书	*155*
田产宜早印契割产	*156*
邻近田产宜增价买	*157*
违法田产不可置	*158*
交易宜著法绝后患	*158*
富家置产当存仁心	*159*
假贷取息贵得中	*160*
兼并用术非悠久计	*161*
钱谷不可多借人	*161*
债不可轻举	*162*

税付宜预办	*162*
税付早纳为上	*163*
造桥修路宜助财力	*163*
营运先存心近厚	*164*
起造宜以渐经营	*165*

后 序 *169*

附 录

附录一	集事诗鉴	*173*
附录二	诸家序跋	*209*
附录三	海内外袁采及《袁氏世范》部分研究论著	*217*

参考文献 *221*
后 记 *230*
补 记 *234*

《袁氏世范》序

思所以为善①,又思所以使人为善者,君子之用心也。三衢袁公君载②,德足而行成③,学博而文富④。以论思献纳之姿⑤,屈试一邑学道⑥。爱人之政,"武城弦歌"不是过矣⑦。一日,出所为书若干卷[1]示镇曰⑧:"是可以厚人伦而美习俗,吾将版行于兹

---

① "为善",行善,做好事。《尚书易解》卷5《周书下·泰誓》:"我闻吉人为善,惟日不足。"
② "三衢",即衢州,今浙江衢州。《元和郡县图志》卷26《江南道二·衢州》:"本旧婺州信安县也,武德四年平李子通,于信安县置衢州,以州有三衢山,因取为名。"宋代属于浙东路。"袁公君载",即袁采(字君载)。
③ "行成",指美行、德行修成、养成。《礼记正义》卷38《乐记》:"是故德成而上,艺成而下,行成而先,事成而后。"疏:"行成而先者,行成则德成矣,言德在内而行在外也。"
④ "学博",学识渊博。
⑤ "论思献纳",指与帝王讨论学问,委婉地进言,供帝王采纳。
⑥ "试",任用。
⑦ "武城弦歌",出自《四书章句集注·论语集注》卷9《阳货第十七》:"子之武城,闻弦歌之声。夫子莞尔而笑,曰:'割鸡焉用牛刀?'子游对曰:'昔者偃也闻诸夫子曰:"君子学道则爱人,小人学道则易使也。"'子曰:'二三子!偃之言是也。前言戏之耳。'"注:"弦,琴瑟也。时子游为武城宰,以礼乐为教,故邑人皆弦歌也"。后借指礼乐教化。
⑧ "镇",指下文的刘镇,本序的作者。

邑①，子其为我是正而为之序②。"镇熟读详味者数月③，一曰睦亲，二曰处己，三曰治家，皆数十条目。其言则精确而详尽，其意则敦厚而委曲④，习而行之，诚可以为孝悌⑤，为忠恕⑥，为善良，而有士君子之行矣⑦。然是书也，岂唯可以施之乐清⑧，达诸四海可也；岂唯可以行之一时，垂诸后世可也。

噫！公为一邑而切切焉⑨，欲以为己者。为人如此，则他日致君泽民⑩，其思所以兼善天下之心⑪，盖可知矣。镇于公为太学同舍生⑫，今又蒙赖于桑梓⑬，荷意不鄙⑭，乃敢冠以乱骩之

---

① "兹邑"，即下文所提之乐清县。
② "是正"，订正，校正。
③ "详味"，详细玩味、推究。
④ "敦厚"，诚朴宽厚。《四书章句集注·中庸章句第二十七章》："温故而知新，敦厚以崇礼。"注："敦，加厚也。"
⑤ "孝悌"，亦作"孝弟"，孝顺父母，敬爱兄长。《四书章句集注·论语集注》卷1《学而》："孝弟也者，其为仁之本与。"
⑥ "忠恕"，《四书章句集注·论语集注》卷2《里仁第四》："子曰：'参乎！吾道一以贯之。'曾子曰：'唯。'子出。门人问曰：'何谓也？'曾子曰：'夫子之道，忠恕而已矣。'"注："尽己之谓忠，推己之谓恕。"
⑦ "士君子"，此处泛指品德高尚的士人。
⑧ "施"，施行。"乐清"，宋属两浙路瑞安府，今浙江温州乐清市。
⑨ "切切"，急迫，深切。
⑩ "致君泽民"，"致君"，辅佐君主，使之成为圣明之主。"泽民"，施恩惠于百姓。
⑪ "兼善天下之心"，出自《孟子正义》卷26《尽心上》："穷则独善其身，达则兼善天下。"注："独治其身，以立于世间，不失其操也，是故独善其身。达谓得行其道，故能兼善天下也。"
⑫ "同舍生"，犹言同学。"舍"，学舍。
⑬ "桑梓"，桑树和梓树，古代住宅旁常栽之树木，后喻故乡。《毛诗注疏》卷12《小雅·小弁》："维桑与梓，必恭敬止。"
⑭ "荷意"，谦词，指承受美意。

文①,而欲目是书曰《世范》可乎?君载讳采。淳熙戊戌中元日②,承议郎、新权通判隆兴军府事刘镇序③。

同年郑公景元贻书谓余曰④:"昔温国公尝有意于是⑤,止以《家范》名其书⑥,不曰'世'也。若欲为一世之范模,则有箕子之书在⑦。今恐名之者未必人不以为诌⑧,而受之者或以为

---

① "骫骳之文",指作文曲意迎合人意,风格卑下。
② "淳熙戊戌",指南宋孝宗淳熙五年(1178)。"中元日",即农历七月十五日。道教以农历七月十五日为中元节,为地官大帝诞辰。
③ "承议郎",寄禄官名,宋初为正六品下文散官,元丰改制,为文臣京朝官第二十三阶,从七品。"通判",通判某州军事简称。北宋太祖乾德元年(963)四月始置。南宋时,主要分掌常平、经总制钱等财赋之属。上州通判正七品,中下州通判从七品(《宋代官制辞典》,第535页)。"隆兴军府",本洪州(今江西南昌),宋时属江南西路,宋孝宗隆兴元年(1163)十月二十五日,升洪州为隆兴府。刘镇,字子山,一字方叔,温州乐清人,中绍兴十八年(1148)第二甲第六名进士,官至隆兴府通判(《绍兴十八年同年小录》、《宋登科记考》卷9)。
④ 郑伯英(1130—1192),字景元,又字去华,号归愚翁,温州永嘉人。与兄伯熊齐名,人称"大郑公"、"小郑公"。中隆兴元年(1163)进士第四人,仕至泉州推官。绍熙三年(1192)卒,年六十三(《叶适集》卷21《郑景元墓志铭》、《宋登科记考》卷10)。
⑤ "温国公",指北宋名臣司马光(1019—1086),字君实,号迂叟,陕州夏县(今山西夏县)人,死后追赠温国公。
⑥ "止以《家范》名其书",指司马光所撰《温公家范》(十卷)。该书"取经史所载圣贤修身齐家之法,分十九门,编类以训子孙。"(《郡斋读书志校证》卷10《子类·儒家类》)"亦闲有光所论说,与朱子《小学》义例差异,而用意略同。其节目备具,简而有要,似较《小学》更切于日用。且大旨归于义理,亦不似《颜氏家训》徒揣摩于人情事故之间。……观于是编,犹可见一代伟人修己型家之梗概也。"(《四库全书总目汇订》卷91《子部一·儒家类一》)
⑦ "箕子之书",指《尚书·洪范》,通过箕子与周武王的对话,传授治国之道。旧传为箕子所撰,今人多认为此书为后人所作。《尚书今古文注疏》卷12《周书三·洪范》:"惟十有三祀,王访于箕子。"
⑧ "诌",奉承,献媚。《四书章句集注·论语集注》卷1《学而第一》:"贫而无谄,富而无骄。"

僭①,宜从其旧目。"此真确论②,正契余心③,敢不敬从,且刊其言于左,使见之者知其不为府判刘公之云云,而私变其说也。采谨书④。

校勘记

【1】"若干卷",知不足斋丛书本同,文渊阁四库全书本、文津阁四库全书本作"三卷"。

---

① "僭",僭越。
② "确论",正确恰当的言论。
③ "契",相投,相合。
④ "采",指袁采,《袁氏世范》的作者。

卷一 睦亲

性不可以强合

人之至亲①,莫过于父子兄弟,而父子兄弟有不和者,父子或因于责善②,兄弟或因于争财。有不因责善、争财而不和者,世人见其不和,或就其中分别是非,而莫明其由③。盖人之性④,或宽缓⑤,或褊急⑥,或刚暴⑦,或柔懦⑧,或严重⑨,或轻薄,或持检⑩,或放纵,或喜闲静,或喜纷拏⑪,或所见者小,或所见者大,所禀自是不同⑫。父必欲子之性合于己,子之性未必

---

① "至亲",关系最近的亲属。
② "责善",劝勉从善。《孟子正义》卷17《离娄下》:"责善,朋友之道也。父子责善,贼恩之大者。"
③ "明",明白,清楚。
④ "性",性格,性情。
⑤ "宽缓",宽容和缓。
⑥ "褊急",气量小而性情急躁。《毛诗注疏》卷5《魏风·葛屦序》:"魏地陿隘,其民机巧趋利,其君俭啬褊急,而无德以将之。"孔疏:"褊急,言性躁。"
⑦ "刚暴",刚猛暴戾。
⑧ "柔懦",优柔懦弱。《韩非子》卷5《亡征》:"怯慑而弱守,蚤见而心柔懦,知有谓可,断而弗敢行者,可亡也。"
⑨ "严重",处事认真,严肃、庄重。《后汉书》卷45《袁安传》:"安少传良学。为人严重有威,见敬于州里。"
⑩ "持检",指自我约束。
⑪ "纷拏",亦作"纷挐",牵持杂乱。《淮南鸿烈集解》卷8《本经训》:"芒繁乱泽,巧伪纷挐,以相摧错,此遁于木也。挐,读人性纷挐不解之挐。"
⑫ "禀",禀赋,承受。《春秋左传集解》第25:"(晏子)对曰:'先王所禀于天地,以其为民也,是以先王上之。'"注:"禀,受也。"

然；兄必欲弟之性合于己，弟之性未必然。其性不可得而合，则其言行亦不可得而合，此父子兄弟不和之根源也。况凡临事之际，一以为是，一以为非，一以为当先，一以为当后，一以为宜急，一以为宜缓，其不齐如此，若互欲同于己，必致于争论。争论不胜①，至于再三，至于十数，则不和之情自兹而启，或至于终身失欢②。若悉悟此理，为父兄者通情于子弟③，而不责子弟之同于己；为子弟者仰承于父兄④，而不望父兄惟己之听⑤，则处事之际，必相和协，无乖争之患⑥。孔子曰："事父母几谏，见志不从，又敬不违，劳而不怨。"⑦此圣人教人和家之要术也⑧，宜熟思之。

---

① "不胜"，不尽。
② "失欢"，失和。李元春评阅：此总须观理而又通之以情。
③ "通情"，通达情理。
④ "仰承"，旧时用于下对上表示敬意之词。
⑤ "不望"，不期望。
⑥ "乖争"，纷争。
⑦ 《四书章句集注·论语集注》卷2《里仁第四》："子曰：'事父母几谏。见志不从，又敬不违，劳而不怨。'"注："此章与《内则》之言相表里。"《论语集释》卷8《里仁下》："包曰：'几者，微也。当微谏，纳善言于父母也，见父母志有不从己谏之色，则又当恭敬，不敢违父母而遂己之谏也。'"
⑧ "要术"，重要的策略、方法。《荀子集解》卷10《议兵篇第十五》："临武君对曰：'上得天时，下得地利，观敌之变动，后之发，先之至，此用兵之要术也。'"

人必贵于反思

人之父子，或不思各尽其道，而互相责备者，尤启不和之渐也[1]。若各能反思，则无事矣。为父者曰："吾今日为人之父，盖前日尝为人之子矣。凡吾前日事亲之道①，每事尽善，则为子者得于见闻，不待教诏而知效②。倘吾前日事亲之道有所未善，将以责其子，得不有愧于心？"为子者曰："吾今日为人之子，则他日亦当为人之父。今吾父之抚育我者如此，畀付我者如此③，亦云厚矣。他日吾之待其子，不异于吾之父，则可以俯仰无愧④。若或不及，非惟有负于其子，亦何颜以见其父？"然世之善为人子者，常善为人父；不能孝其亲者，常欲虐其子。此无他，贤者能自反⑤，则无往而不善；不贤者不能自反，为人子则多怨，为人父则多暴⑥。然则自反之说，惟贤者可以语此[2]。

---

① "事亲"，侍奉双亲。《孟子正义》卷15《离娄上》："事孰为大？事亲为大。守孰为大？守身为大。"注："事亲，养亲也。"
② "教诏"，教训，教诲。《战国策》卷29《燕策一》："齐、赵，强国也，今主君幸教诏之，合从以安燕，敬以国从。""效"，模仿，效法。《四书章句集注·周易》卷3《系辞上传》："天地变化，圣人效之。"
③ "畀付"，给予。
④ "俯仰"，低头抬头。喻很短的时间。
⑤ "自反"，自我反省。
⑥ "暴"，凶，暴躁。

父子贵慈孝

慈父固多败子①,子孝而父或不察。盖中人之性②,遇强则避,遇弱则肆③。父严而子知所畏,则不敢为非;父宽则子玩易④,而恣其所行矣。子之不肖⑤,父多优容;子之愿悫⑥,父或责备之无已,惟贤智之人即无此患。至于兄友而弟或不恭⑦,弟恭而兄或不友⑧【3】;夫正而妇或不顺⑨,妇顺而夫或不正⑩,亦由此强即彼弱【4】,此弱即彼强,积渐而致之⑪。为人父者,能以他人之不肖子喻己子;为人子者,能以他人之不贤父喻己父,

---

① "败子",败家子。《韩非子》卷19《显学》:"夫严家无悍虏,而慈母有败子。"
② "中人",一般人,普通人。
③ "肆",纵恣,放肆。《春秋左传集解》第22:"(倚相)对曰:'臣尝问焉。昔穆王欲肆其心,周行天下,将皆必有车辙马迹焉。'"注:"肆,极也。"
④ "玩易",轻视。
⑤ "不肖",不材,不正派。《礼记集解》卷60《射义第四十六》:"发而不失正鹄者,其唯贤者乎?若夫不肖之人,则彼将安能以中。"孔疏:"不肖,谓小人也。"
⑥ "愿悫",谨慎朴实。《荀子集解》卷8《君道篇第十二》:"材人:愿悫拘录,计数纤啬而无敢遗丧,是官人使吏之材也。"
⑦ "不恭",不尊重。《尚书集传》卷3《商书·盘庚中》:"乃有不吉不迪、颠越不恭、暂遇奸宄,我乃劓殄灭之无遗育。"
⑧ "不友",兄弟不相敬爱。《尚书集传》卷4《康诰》:"王曰:'封元恶大憝,矧惟不孝不友。'"
⑨ "不顺",不顺从。《孟子正义》卷15《离娄上》:"恭者不侮人,俭者不夺人。侮夺人之君,惟恐不顺焉,恶得为恭俭?"
⑩ "不正",不端正。《四书章句集注·论语集注》卷7《子路第十三》:"子曰:'其身正,不令而行;其身不正,虽令不从。'"
⑪ "积渐",逐渐积累而成。

则父慈而子愈孝，子孝而父益慈，无偏胜之患矣①。至如兄弟、夫妇，亦各能以他人之不及者喻之，则何患不友、恭、正、顺者哉！

处家贵宽容

自古人伦②，贤否相杂③。或父子不能皆贤，或兄弟不能皆令④，或夫流荡⑤，或妻悍暴⑥，少有一家之中无此患者，虽圣贤亦无如之何。譬如身有疮痍疣赘⑦，虽甚可恶，不可决去⑧，惟当宽怀处之。能知此理，则胸中泰然矣⑨。古人所以谓父子、兄弟、夫妇之间，人所难言者如此。

---

① "偏胜"，一方超过另一方，失去平衡。
② "人伦"，社会礼教所规定的君臣、父子、兄弟、夫妻、朋友以及长幼尊卑等各种关系。《孟子正义》卷11《滕文公上》："圣人有忧之，使契为司徒，教以人伦：父子有亲，君臣有义，夫妇有别，长幼有叙，朋友有信。"
③ "贤否"，此处泛指好人、坏人。
④ "令"，善，美好。《尔雅注疏》卷1《释诂第一》："（令），善也。"《毛诗注疏》卷17《大雅·卷阿》："颙颙卬卬，如圭如璋，令闻令望。"郑笺："令，善也。"
⑤ "流荡"，放荡，不受拘束。
⑥ "悍暴"，凶猛。
⑦ "疮痍疣赘"，"疮痍"，创伤。"疣赘"，喻多余无用的东西。此处喻人身上的缺点毛病。
⑧ "决去"，剔除，去除。
⑨ "泰然"，安然。

父兄不可辨曲直

子之于父，弟之于兄，犹卒伍之于将帅①，胥吏之于官曹②，奴婢之于雇主，不可相视如朋辈③，事事欲论曲直。若父兄言行之失显然不可掩④，子弟止可和颜几谏⑤。若以曲理而加之⑥，子弟尤当顺受而不当辨⑦。为父兄者，又当自省⑧。

人贵能处忍

人言："居家久和者，本于能忍。"然知忍而不知处忍之道，其失尤多。盖忍或有藏蓄之意⑨。人之犯我，藏蓄而不

---

① "卒伍"，古代军队编制，五人为伍，百人为卒。此处泛指士兵。
② "胥吏"，官府中办理文书的小吏。"官曹"，官吏办事机构，此处泛指各级官员。
③ "相视"，对待，看待。"朋辈"，同辈之友人，志同道合之友人。
④ "掩"，掩盖，掩饰。
⑤ "几谏"，委婉地劝谏。
⑥ "曲理"，偏邪之理，歪曲之理。
⑦ "顺受"，顺从地接受。《孟子正义》卷26《尽心上》："莫非命也，顺受其正。是故知命者不立乎岩墙之下。"
⑧ "自省"，自我反省，自我批评。《四书章句集注·论语集注》卷2《里仁第四》："子曰：'见贤思齐焉，见不贤而内自省也。'"
⑨ "藏蓄"，隐藏。

发,不过一再而已。积之既多,其发也,如洪流之决①,不可遏矣②。不若随而解之③,不置胸次④,曰:"此其不思尔。"曰:"此其无知尔。"曰:"此其失误尔。"曰:"此其所见者小尔。"曰:"此其利害宁几何。"不使之入于吾心,虽日犯我者十数,亦不至形于言而见于色。然后见忍之功效为甚大,此所谓善处忍者。

亲戚不可失欢

骨肉之失欢,有本于至微而终至不可解者,止由失欢之后,各自负气⑤,不肯先下[5]尔⑥。朝夕群居,不能无相失⑦。相失之后,有一人能先下气与之话言⑧,则彼此酬复⑨,遂如平时矣。宜深思之。

---

① "决",堤防崩溃。《春秋左传集解》第19:"我闻忠善以损怨,不闻作威以防怨,岂不遽止,然犹防川,大决所犯,伤人必多,吾不克救也,不如小决,使道不如,吾闻而药之也。"
② "遏",遏制,阻止。
③ "解",解开,消除。
④ "胸次",胸间。
⑤ "负气",恃其意气,不肯屈于人下。
⑥ "下",退让,降低身份。
⑦ "相失","失",过错。"相失",相互有过、失礼。
⑧ "下气",态度恭顺。《礼记集解》卷27《内则第十二之一》:"父母有过,下气怡色,柔声以谏。"
⑨ "酬复",应答,对答。

家长尤当奉承

兴盛之家，长幼多和协，盖所求皆遂①，无所争也②。破荡之家③，妻孥未尝有过④，而家长每多责骂者，衣食不给，触事不谐⑤，积忿无所发，惟可施于妻孥之前而已⑥。妻孥能知此，则尤当奉承⑦。

顺适老人意

年高之人【6】，作事有如婴孺⑧，喜得钱财微利，喜受饮食、果实小惠，喜与孩童玩狎⑨。为子弟者能知此而顺适其意，则尽其欢矣。

---

① "遂"，顺，如意。
② "争"，较量，互不相让。
③ "破荡"，破败、耗尽家产。
④ "妻孥"，妻子与子女的统称。《毛诗注疏》卷9《小雅·常棣》："宜尔室家，乐尔妻帑。"
⑤ "触事"，遇事。
⑥ "施"，施加，发泄。
⑦ "奉承"，奉受，接受，此处指顺从。
⑧ "婴孺"，幼儿。
⑨ "玩狎"，"狎"，亲近而不庄重。"玩狎"，此处泛指玩耍。

孝行贵诚笃

人之孝行，根于诚笃①，虽繁文末节不至②，亦可以动天地、感鬼神。尝见世人有事亲不务诚笃③，乃以声音笑貌缪为恭敬者④，其不为天地鬼神所诛则幸矣⑤，况望其世世笃孝而门户昌隆者乎⑥！苟能知此，则自此而往，与物应接⑦[7]，皆不可不诚。有识君子⑧，试以诚与不诚者较其久远，效验孰多⑨。

---

① "诚笃"，诚实厚道。
② "末节"，细节，小节。《礼记正义》卷38《乐记》："铺筵席，陈尊俎，列笾豆，以升降为礼者，礼之末节也，故有司掌之。"孔疏："此等物所以饰礼，故云礼之末节也……以末节非贵，故有司掌之。"
③ "不务"，不专心，不致力。
④ "缪"，诈。《汉书》卷57上《司马相如传》："临邛令缪为恭敬，日往朝相如。"师古曰："缪，诈也。"
⑤ "诛"，杀，此处亦泛指责罚。
⑥ "笃孝"，十分孝顺。《韩诗外传集释》卷9："是以君子入则笃孝，出则友贤，何为其无孝子之名。"
⑦ "应接"，应酬接待。
⑧ "有识"，有见识。
⑨ "效验"，成效。《论衡校释》卷26《知实篇》："凡论事者，违实不引效验，则虽甘义繁说，众不见信。"

人不可不孝

人当婴孺之时，爱恋父母至切。父母于其子婴孺之时，爱念尤厚，抚育无所不至。盖由气血初分，相去未远，而婴孺之声音笑貌自能取爱于人，亦造物者设为自然之理①，使之生生不穷。虽飞走微物亦然②，方其子初脱胎卵之际③，乳饮哺啄必极其爱④，有伤其子，则护之不顾其身。然人于既长之后，分稍严而情稍疏⑤。父母方求尽其慈，子方求尽其孝。飞走之属，稍长则母子不相识认，此人之所以异于飞走也。然父母于其子幼之时，爱念抚育有不可以言尽者，子虽终身承颜致养⑥，极尽孝道，终不能报其少小爱念抚育之恩，况孝道有不尽者。凡人之

---

① "造物者"，指创造万物的神。《庄子集释》卷3上《内篇·大宗师第六》："俄而子舆有病，子祀往问之。曰：'伟哉夫造物者，将以予为此拘拘也！'"疏："造物，犹造化也。"
② "飞走"，飞禽走兽。《后汉书》卷38《法雄传》："古者至化之世，猛兽不扰，皆由恩信宽泽，仁及飞走。"
③ "胎卵"，佛教分众生为胎生、卵生、湿生、化生。胎生如人和哺乳动物，卵生如飞鸟鱼鳖等。此处泛指鸟兽。《法苑珠林》卷89《四生会名》："依壳而生曰卵，含藏而出曰胎。"
④ "哺啄"，喂食。
⑤ "分"，指上下、尊卑之分。
⑥ "承颜"，承接颜色。"致养"，奉养亲老。《后汉书》卷2《明帝纪》："昔曾、闵奉亲，竭欢致养。"

不能尽孝道者，请观人之抚育婴孺，其情爱如何，终当自悟。亦犹天地生育之道，所以及人者，至广至大，而人之回报天地者何在？有对虚空焚香跪拜，或召羽流斋醮上帝①，则以为能报天地，果足以报其万分之一乎？况又有怨咨乎天地者②，皆不能反思之罪也。

父母不可妄憎爱

人之有子，多于婴孺之时爱忘其丑，恣其所求，恣其所为，无故叫号③，不知禁止，而以罪保母④。凌轹同辈⑤，不知戒约⑥，而以咎他人⑦。或言其不然⑧，则曰："小未可责。"日渐月

---

① "羽流"，指道士。"斋醮"，指道教对其崇拜仪式的传统称呼，俗称道场。《无上黄箓大斋立成仪》："烧香行道，忏罪谢愆，则谓之斋；延真降圣，乞恩请福，则谓之醮。"
② "怨咨"，嗟叹，怨恨。《尚书集传》卷6《周书·君牙》："夏暑雨，小民惟曰怨咨；冬祁寒，小民亦惟曰怨咨。"
③ "叫号"，大声呼喊。
④ "保母"，亦作"保姆"，此处泛指为人抚育子女的妇女。《礼记集解》卷28《内则第十二之二》："异为孺子室于宫中，择于诸母与可者，必求其宽裕、慈惠，温良、恭敬、慎而寡言者，使为子师，其次为慈母，其次为保母，皆居子室，他人无事不往。"
⑤ "凌轹"，欺压，干犯。
⑥ "戒约"，约束，警告。
⑦ "咎"，有过责于人。
⑧ "不然"，不这样。《荀子集解》卷17《性恶篇第二十三》："孟子曰：'人之学者，其性善。'曰：'是不然。'"

渍①，养成其恶，此父母曲爱之过也②。及其年齿渐长，爱心渐疏，微有疵失③，遂成憎怒，摭其小疵，以为大恶④。如遇亲故妆饰巧辞⑤，历历陈数⑥，断然以大不孝之名加之⑦，而其子实无他罪，此父母妄憎之过也⑧。爱憎之私，多先于母氏，其父若不知此理，则徇其母氏之说⑨，牢不可解【8】。为父者须详察此，子幼必待以严，子壮无薄其爱⑩。

子弟须使有业⑪

人之有子，须使有业⑫。贫贱而有业，则不至于饥寒；富贵

---

① "渍"，犹浸。"日渐月渍"，指天长日久逐渐被改变。
② "曲爱"，溺爱，深爱。
③ "疵失"，疵，小病，引申为过失，缺点。《四书章句集注·周易》卷3《系辞上传》："悔吝者，言乎其小疵也。"
④ "摭"，拾取，摘取。"大恶"，大罪过。
⑤ "巧辞"，虚伪之辞，亦指巧妙的言辞。
⑥ "历历"，逐一，一一。
⑦ "断然"，坚决。
⑧ "妄憎"，胡乱憎恨。
⑨ "徇"，顺从，曲从。《春秋左传集解》第9："廓大子朱儒自安于夫钟，国人弗徇。"注："徇，顺也。"
⑩ "薄"，与"厚"相对。
⑪ 李元春评阅曰："有业为要。四民之业，皆可视其才具。吾见人家有不涉游荡，竟以无业败者。"
⑫ "业"，事业，职业。《国语集解·周语上第一》："庶人工商，各守其业。"

而有业，则不至于为非。凡富贵之子弟，耽酒色①，好博弈②，异衣服，饰舆马③，与群小为伍以至破家者④，非其本心之不肖，由无业以度日，遂起为非之心。小人赞其为非⑤，则有哺啜、钱财之利⑥，常乘间而翼成之⑦。子弟痛宜省悟⑧。

子弟不可废学

大抵富贵之家教子弟读书，固欲其取科第，及深究圣贤言行之精微⑨。然命有穷达⑩，性有昏明⑪，不可责其必到⑫，尤不可

---

① "耽"，沉溺，迷恋。
② 《四书章句集注·论语集注》卷9《阳货第十七》："子曰：'饱食终日，无所用心，难矣哉！不有博弈者乎，为之犹贤已。'"注："博，局戏也。弈，围棋也。"此处泛指赌博等活动。
③ "舆马"，车马。
④ "群小"，众小人。《毛诗注疏》卷2《邶风·柏舟》："忧心悄悄，愠于群小。"郑笺："群小，众小人在君侧者。"
⑤ "赞"，佐助。
⑥ "哺啜"，即食与饮。《孟子正义》卷15《离娄上》："孟子谓乐正子曰：'子之从于子敖来，徒哺啜也。我不意子学古之道而以哺啜也。'"朱熹注："哺，食也；啜，饮也。言其不择所从，但求食耳。"
⑦ "翼成"，助成。《抱朴子外篇校笺·良规卷七》："若有奸佞翼成骄乱。"
⑧ "痛"，甚极之辞。《管子校释》卷第17《七臣七主》："奸臣：痛言人情以惊主，开罪党以为仇，除仇则罪不辜，罪不辜则与仇居。尹云：痛，甚极之辞。"
⑨ "取科第"，指科举考试中第。"精微"，精细隐微。《四书章句集注·中庸章句第二十七章》："故君子尊德性而道问学，致广大而尽精微，极高明而道中庸。"
⑩ "穷达"，困厄与显达。
⑪ "昏明"，愚昧明智。《春秋左传集解》第18："圣人以兴，乱人以废，废兴、存亡、昏明之术，皆兵之由也。"
⑫ "到"，及，至。

因其不到而使之废学。盖子弟知书①，自有所谓无用之用者存焉。史传载故事②，文集妙词章③，与夫阴阳④、卜筮⑤、方技⑥、小说⑦，亦有可喜之谈⑧，篇卷浩博⑨，非岁月可竟⑩。子弟朝夕于其间，自有资益⑪，不暇他务。又必有朋旧业儒者相与往还谈论⑫，何至"饱食终日，无所用心"而与小人为非也⑬。

---

① "知书"，此处泛指有文化。
② "史传"，此处泛指史书。
③ "词章"，亦作"辞章"，泛指诗文。
④ "阴阳"，指日月运转之学。《后汉书》卷59《张衡传》："衡善机巧，尤致思于天文、阴阳、历算。"
⑤ "卜筮"，指占卜。《毛诗注疏》卷3《卫风·氓》："尔卜尔筮，体无咎言。"传："龟曰卜，蓍曰筮。"
⑥ "方技"，同"方伎"，泛指医、卜、星、象之术。《汉书》卷30《艺文志第十》："方技者，皆生生之具，王官之一守也。太古有岐伯、俞拊，中世有扁鹊、秦和，盖论病以及国，原诊以知政。汉兴有仓公。今其技术晻昧，故论其书，以序方技为四种。"
⑦ "小说"，原指浅薄琐屑的言论。《庄子集释》卷9上《杂篇·外物第二十六》："饰小说以干县令，其于大达亦远矣。"后泛指丛杂之著作。《桓子新论》卷下《补遗》："若其小说家合丛残小语，近取譬论，以作短书，治身理家，有可观之辞。"
⑧ "可喜"，令人高兴。
⑨ "浩博"，数量多。
⑩ "竟"，终了，完毕。
⑪ "资益"，增益。
⑫ "朋旧"，朋友故旧。"业儒者"，以儒学为业之人。
⑬ 《四书章句集注·论语集注》卷9《阳货第十七》："子曰：'饱食终日，无所用心，难矣哉！'"

教子当在幼

人有数子，饮食、衣服之爱，不可不均一①；长幼尊卑之分，不可不严谨；贤否是非之迹，不可不分别。幼而示之以均一，则长无争财之患；幼而教之【9】以严谨，则长无悖慢之患②；幼而有所分别【10】，则长无为恶之患。今人之于子，喜者其爱厚，而恶者其爱薄。初不均平，何以保其他日无争？少或犯长，而长或凌少，初不训责，何以保其他日不悖③？贤者或见恶，而不肖者或见爱，初不允当④，何以保其他日不为恶？

父母爱子贵均

人之兄弟不和而至于破家者，或由于父母憎爱之偏，衣服、饮食、言语、动静必厚于所爱，而薄于所憎。见爱者意气

---

① "均一"，平均。
② "悖慢"，违逆傲慢。
③ "不悖"，不相违背，不相抵触。
④ "允当"，平允适当。《春秋左传集解》第7："《军志》曰：'允当则归。'"注："无求过分。"

日横①，见憎者心不能平，积久之后，遂成深仇，所谓爱之，适所以害之也。苟父母均其所爱，兄弟自相和睦，可以两全，岂不甚善。

父母常念子贫

父母见诸子中有独贫者，往往念之，常加怜恤②，饮食、衣服之分，或有所偏私。子之富者，或有所献，则转以与之，此乃父母均一之心，而子之富者，或以为怨，此殆未之思也，若使我贫，父母必移此心于我矣。

子孙当爱惜

人之子孙，虽见其作事多拂己意③，亦不可深憎之。大抵所爱之子孙未必孝，或早夭，而暮年依托及身后葬祭④，多是所憎之子孙，其他骨肉皆然。请以他人已验之事观之。

---

① "意气"，神色，情绪。"横"，放纵，专横，多指恃势妄为。
② "怜恤"，怜悯体恤。
③ "拂"，逆，违背。《毛诗注疏》卷16《大雅·皇矣》："是伐是肆，是绝是忽，四方以无拂。"
④ "依托"，依靠。

父母多爱幼子

　　同母之子，而长者或为父母所憎，幼者或为父母所爱，此理殆不可晓①。窃尝细思其由②，盖人生一二岁，举动、笑语自得人怜，虽他人犹爱之，况父母乎！才三四岁至五六岁，恣性啼号③，多端乖劣④，或损动器用⑤，冒犯危险，凡举动、言语皆人之所恶。又多痴顽不受训戒⑥，故虽父母亦深恶之。方其长者可恶之时，正值幼者可爱之日，父母移其爱长者之心而更爱幼者，其憎爱之心，从此而分，遂成迤逦⑦。最幼者当可恶之时，下无可爱之者，父母爱无所移，遂终爱之。其势或如此，为人子者，当知父母爱之所在。长者宜少让，幼者宜自抑。为父母者又须觉悟，稍稍回转，不可任意而行，使长者怀怨而幼者纵欲，以致破家。

---

① "殆"，大概。《孟子正义》卷28《尽心下》："齐饥，陈臻曰：'国人皆以夫子将复为发棠，殆不可复。'""晓"，知道，理解。
② "窃"，谦辞。《助字辨略》卷5："不敢径直以为何如，故云窃也。"
③ "恣性"，纵情，任性。
④ "乖劣"，暴戾，恶劣。《焦氏易林》卷13《艮之讼》："元后贪欲，穷极民力，执政乖劣，为夷所覆。"
⑤ "器用"，器皿用具。
⑥ "痴顽"，愚顽无知。
⑦ "迤逦"，曲折连绵。此处指一直延续下去，无休止。

祖父母多爱长孙

父母于长子多不之爱,而祖父母于长孙,常极其爱,此理亦不可晓,岂亦由爱少子而迁及之耶①?

舅姑当奉承

凡人之子,性行不相远②,而有后母者,独不为父所喜。父无正室而有宠婢者亦然③,此固父之昵于私爱④。然为子者,要当一意承顺⑤,则天理久而自协⑥。凡人之妇,性行不相远,而有小姑者,独不为舅姑所喜⑦,此固舅姑之爱偏,然为儿妇者,

---

① "迁",转移。
② "性行",禀性与行为。
③ "正室",正妻,嫡妻,与"侧室"相对。《庆元条法事类》卷7《职制门四·保官·保官状》:"保升朝官初封妻,则云委是礼婚正室之类。"《名公书判清明集》卷12《惩恶门·奸秽》:"婚以礼成,妻由义合,天伦所在,岂容或亏。县令奉为,正救此事。自今月始,恪遵士检,断绝爱绳,思圣门之愤悱启发,想释民之勇猛精进,逐去淫婢,别婚正室。"
④ "昵",亲近。《尚书集传》卷3《商书·说命中》:"官不及私昵,惟其能。"
⑤ "承顺",恭顺。
⑥ "协",和睦。《尚书集传》卷3《商书·汤誓》:"有众率怠弗协。"
⑦ "舅姑",公婆,丈夫的父母。《尔雅注疏》卷4《释亲第四》:"妇称夫之父曰舅,称夫之母曰姑。"

要当一意承顺①，则尊长久而自悟。或父或舅姑【11】终于不察②，则为子、为妇无可奈何，加敬之外，任之而已。

同居贵怀公心

兄弟子侄同居③，至于不和，本非大有所争，由其中有一人设心不公④，为己稍重，虽是毫末，必独取于众，或众有所分，在己必欲多得，其他心不能平，遂启争端，破荡家产，驯小得而致大患⑤。若知此理，各怀公心，取于私则皆取于私，取于公则皆取于公。众有所分，虽果实之属，直不数十金【12】，亦必均平，则亦何争之有。

同居长幼贵和

兄弟子侄同居，长者或恃长凌轹卑幼⑥，专用其财，自取温

---

① "儿妇"，子之妻。
② "终于"，自始至终。
③ "同居"，此处指没有分家，在一起生活。
④ "设心"，用心，居心。《孟子正义》卷17《离娄下》："其设心以为不若是，是则罪之大者。"
⑤ "驯"，渐进。《四书章句集注·周易》卷1《坤》："象曰：履霜坚冰，阴始凝也；驯致其道，至坚冰也。"
⑥ "恃"，仗。"凌轹"，欺凌，欺压。

饱,因而成私。簿书出入不令幼者预知①,幼者至不免饥寒,必启争端。或长者处事至公,幼者不能承顺,盗取其财,以为不肖之资,尤不能和。若长者总持[13]大纲,幼者分干细务,长必幼谋,幼必长听,各尽公心,自然无争。

兄弟贫富不齐

兄弟子侄,贫富厚薄不同,富者既怀独善之心②,又多骄傲;贫者不生自勉之心,又多妒嫉,此所以不和。若富者时分惠其余,不恤其不知恩③;贫者知自有定分④,不望其必分惠,则亦何争之有。

分析财产贵公当⑤

朝廷立法,于分析一事,非不委曲详悉⑥,然有果是窃众

---

① "簿书",记录财物出纳的簿籍。
② "独善",此处指仅顾及自己,不考虑他人。
③ "不恤",不顾及,不忧虑。
④ "定分",指人事由命运决定,人力无法改变。
⑤ "分析",分家。宋代对于分家多有法律条文强调,如《宋大诏令集》卷198《禁西川山南诸道父母在别籍异财诏》。《名公书判清明集》中也有多起涉及分家的案例。
⑥ "委曲详悉",把事情的始末经过讲清楚。

营私①，却于典卖契中称系妻财置到②，或诡名置产③，官中不能尽行根究④。又有果是起于贫寒，不因祖父资产，自能奋立⑤，营置财业。或虽有祖众财产，不因于众，别自殖立私财，其同宗之人，必求分析，至于经县、经州、经所在官府，累十数年【14】，各至破荡而后已。若富者能反思，果是因众成私，不分与贫者，于心岂无所慊⑥？果是自置财产，分与贫者，明则为高义⑦，幽则为阴德⑧，又岂不胜如连年争讼，妨废家务，及资备裹粮⑨，与嘱托吏胥【15】，贿赂官员之徒费耶⑩！贫者亦宜自思，彼实窃众，亦由辛苦营运以至增置⑪，岂可悉分有之。况实彼之私财，而吾欲受之，宁不自愧！苟能知此，则所分虽微，必无争讼之费也。

① "果是"，果真是，果然是。
② "典卖"，宋代又称"活卖"，即通过让度物的使用权收取部分利益而保留回赎权的一种交易方式。
③ "诡名置产"，虚立户名，假报户籍，购置产业。
④ "根究"，彻底查究。
⑤ "因"，因人之力。"奋立"，奋斗自立。
⑥ "慊"，憾，恨。《孟子正义》卷8《公孙丑下》："彼以其富，我以吾仁；彼以其爵，我以吾义，吾何慊乎哉？"注："慊，少也。"
⑦ "高义"，行为高尚合于正义。《战国策》第25章《齐策二》："夫救赵，高义也；却秦兵，显名也。"
⑧ "阴德"，暗中施德于人。《淮南鸿烈集解》卷18《人间训》："夫有阴德者必有阳报，有阴行者必有昭名。"
⑨ "裹粮"，此处指携带干粮，准备远行。
⑩ "徒费"，白白浪费。
⑪ "营运"，营生，生计。

同居不必私藏金宝

人有兄弟子侄同居,而私财独厚,虑有分析之患者①,则买金银之属而深藏之②,此为大愚。若以百千金银计之,用以买产,岁收必十千,十余年后所谓百千者,我已取之,其分与者,皆其息也,况百千又有息焉。用以典质营运③,三年而其息一倍,则所谓百千者,我已取之,其分与者,皆其息也。况又三年,再倍,不知其多少,何为而藏之箧笥④,不假此收息以利众也⑤。

余见世人有将私财假于众,使之营家【16】,久而止取其本者,其家富厚,均及兄弟子侄,绵绵不绝,此善处心之报也⑥。亦有窃盗众财,或寄妻家⑦,或寄内外姻亲之家⑧,终为其人用过,不敢取索,及取索而不得者多矣。亦有作妻家、姻亲之

---

① "患",担忧,忧虑。
② "属",类。《韩非子》卷19《五蠹》:"废敬上畏法之民,而养游侠私剑之属。"
③ "典质",即典当。
④ "箧笥",古代主要用来收藏文书或衣物的竹器。《礼记正义》卷28《内则第十二》:"男女不同椸枷,不敢县于夫之楎椸,不敢藏于夫之箧笥。"此处泛指箱柜之类。
⑤ "假",借,凭借。《荀子集解》卷1《劝学篇第一》:"君子生非异也,善假于物也。"
⑥ "处心",居心,存心。
⑦ "寄",寄存,寄托。
⑧ "内外姻亲",以婚姻关系为中介而产生的亲属,其中由女方产生的亲戚是外亲,而由男方产生的亲戚是内亲。

家置产，为其人所掩有者多矣。亦有作妻名置产，身死而妻改嫁，举以自随者亦多矣①。凡百君子，幸详鉴此，止须存心。

分业不必计较

兄弟同居，甲者富厚，常虑为乙所扰②。十数年间，或甲破坏而乙乃增进③，或甲亡而其子不能自立，乙反为甲所扰者有矣。兄弟分析，有幸应分人典卖④，而己欲执赎⑤，则将所分田产丘丘段段平分，或以两旁分与应分人，而己分处中，往往应分人未卖而己分先卖，反为应分人执邻取赎者多矣⑥。有诸父俱亡⑦，作诸子均分，而无兄弟者分后独昌，多兄弟者分后浸微者⑧；有多兄弟之人，不愿作诸子均分，而兄弟各自昌盛，胜于

---

① "举"，全，尽。夫死妻改嫁，将奁产带走（包括夫托名妻购置的产业）的相关案例，可参见《名公书判清明集》卷10《人伦门·母子·子与继母争业》。
② "扰"，侵扰。
③ "破坏"，原指损毁、毁坏，此处指家业衰败。"增进"，增加促进，此处指家业兴旺。
④ "幸"，希望。
⑤ "执赎"，收赎。
⑥ "执"，做证，证明。
⑦ "诸父"，指叔伯等。《庄子集释》卷10上《杂篇·列御寇第三十二》："如而夫者，一命而吕巨，再命而于车上儛，三命而名诸父，孰协唐许！"疏："诸父，伯叔也。"
⑧ "浸微"，逐渐衰微。

独据全分者；有以兄弟累众而己累独少①，力求分析，而分后浸微，反不若累众之人昌盛如故者；有以分析不平，屡经官求再分，而分到财产随即破坏，反不若被论之人昌盛如故者。世人若知智术不胜天理，必不起争讼之心②。

兄弟贵相爱

兄弟义居③，固世之美事④。然其间有一人早亡，诸父与子侄其爱稍疏⑤，其心未必均齐。为长而欺瞒其幼者有之，为幼而悖慢其长者有之。顾见义居而交争者⑥，其相疾有甚于路人⑦。前日之美事，乃甚不美矣。故兄弟当分，宜早有所定。兄弟相爱，虽异居异财，亦不害为孝义。一有交争，则孝义何在！

---

① "累"，拖累。
② 韩应陛评阅曰：喜于此处兴讼者，亦善于破坏家赀。
③ "义居"，数代同居，以孝义著称的家庭。
④ "固"，固然。
⑤ "疏"，疏远，不相亲。《礼记集解》卷46《祭义第二十四》："进而不愉，疏也。"
⑥ "顾见"，看见。
⑦ "相疾"，此处指彼此厌恶。

众事宜各尽心

兄弟子侄有同门异户而居者,于众事宜各尽心,不可令小儿、婢仆有扰于众。虽是细微,皆起争之渐。且众之庭宇,一人勤于扫洒,一人全不知顾①,勤扫洒者已不能平,况不知顾者又纵其小儿、婢仆常常狼籍②,且不容他人禁止,则怒詈失欢③,多起于此。

同居相处贵宽

同居之人,有不贤者非理以相扰,若间或一再④,尚可与辩。至于百无一是⑤,且朝夕以此相临⑥,极为难处。同乡及同官亦或有此,当宽其怀抱⑦,以无可奈何处之。

---

① "顾",念。
② "狼籍",即"狼藉",乱七八糟的样子,杂乱不堪。此处照底本整理为"狼籍",下同,不另出注释。
③ "詈",骂。《尚书集传》卷5《周书·无逸》:"小人怨汝詈汝。"
④ "间或",有时候,偶尔。
⑤ "百无一是",形容一无是处。
⑥ "临",见,视。
⑦ "怀抱",胸怀。

友爱弟侄

父之兄弟,谓之伯父、叔父,其妻谓之伯母、叔母,服制减于父母一等者①,盖谓其抚字教育有父母之道②,与亲父母不相远。而兄弟之子谓之犹子,亦谓其奉承报孝有子之道,与亲子不相远。故幼而无父母者,苟有伯叔父母,则不至于无所养;老而无子孙者,苟有犹子,则不至于无所归③。此圣王制礼立法之本意。今人或不然,自爱其子而不顾兄弟之子。又有因其无父母,欲兼其财④,百端以扰害之⑤,何以责其犹子之孝,故犹子亦视其伯叔父母如仇雠矣⑥。

---

① "服制",中国古代丧服制度,按其与死者关系的亲疏远近,分斩衰、齐衰、大功、小功、缌麻五个级别。其中子女为父母服斩衰,为叔伯父母服齐衰。《仪礼注疏》卷30《丧服》:"世父母、叔父母。传曰:世父、叔父何以期也?与尊者一体也。然则昆弟之子何以亦期也?旁尊也。不足以加尊焉,故报之也。"
② "抚字",抚养爱护。
③ "归",依归。《毛诗注疏》卷7《曹风·蜉蝣》:"心之忧矣,于我归处。"郑笺:"归,依归。"
④ "兼",兼并,吞并。
⑤ "扰害",侵扰危害。
⑥ "仇雠",仇人。

和兄弟教子善

人有数子，无所不爱，而于兄弟则相视如仇雠，往往其子因父之意，遂不礼于伯父、叔父者，殊不知己之兄弟即父之诸子，己之诸子即他日之兄弟。我于兄弟不和，则己之诸子更相视效①，能禁其不乖戾否②？子不礼于伯叔父，则不孝于父，亦其渐也。故欲吾之诸子和同③，须以吾之处兄弟者示之。欲吾子之孝于己，须以其善事伯叔父者先之④。

背后之言不可听

凡人之家，有子弟及妇女好传递言语，则虽圣贤同居，亦不能不争。且人之作事不能皆是，不能皆合他人之意，宁免其背后评议？背后之言，人不传递，则彼不闻知，宁有忿争？惟此言彼闻，则[17]积成怨恨。况两递其言，又从而增易之，两

---

① "视效"，仿效，效法。
② "乖戾"，性情、语言、行为等不合情理、不正常。
③ "和同"，和睦同心。
④ "善事"，好好侍奉。

家之怨，至于牢不可解。惟高明之人，有言不听，则此辈自不能离间其所亲。

同居不可相讥议

同居之人或相往来，须扬声曳履①，使人知之，不可默造②。虑其适议及我，则彼此愧惭，进退不可。况其间有不晓事之人，好伏于幽暗之处，以伺人之言语③。此生事兴争之端，岂可久与同居。然人之居处，不可谓僻静无人，而辄讥议人④，必虑或有闻之者。俗谓："墙壁有耳。"又曰："日不可说人，夜不可说鬼。"

妇女之言寡恩义

人家不和，多因妇女以言激怒其夫及同辈。盖妇女所见，

---

① "扬声"，高声。《晏子春秋集释》卷1《内篇谏上》："兑上丰下，偪身而扬声。""曳履"，拖着鞋子走路。
② "造"，造访，到。
③ "伺"，探听。
④ "辄"，有所倚恃而妄为。

不广不远、不公不平，又其所谓舅姑、伯叔、妯娌皆假合①，强为之称呼②，非自然天属③，故轻于割恩④，易于修怨⑤。非丈夫有远识⑥，则为其役而不自觉⑦，一家之中，乖变生矣⑧。于是有亲兄弟子侄，隔屋连墙，至死不相往来者；有无子而不肯以犹子为后⑨，有多子而不以与其兄弟者；有不恤兄弟之贫，养亲必欲如一⑩，宁弃亲而不顾者；有不恤兄弟之贫，葬亲必欲均费，宁留丧而不葬者。其事多端，不可概述。亦尝见有远识之人，知妇女之不可谏诲⑪，而外与兄弟相爱，常不失欢，私救其所急，私赒其所乏，不使妇女知之。彼兄弟之贫者，虽深怨其妇女，而重爱其兄弟⑫。至于当分析之际，不敢以贫故而贪爱其兄弟之

① "假合"，此处指这些亲戚皆因丈夫的关系而后天形成，并非天然关系。
② "强"，勉强。
③ "天属"，指父子、兄弟姐妹等有血缘关系的亲属。《庄子集释》卷7上《外篇·山木第二十》："（或曰）：'弃千金之璧，负赤子而趋，何也？'林回曰：'彼以利合，此以天属也。'"疏："属，连也。"
④ "割恩"，弃绝私恩。
⑤ "修怨"，报怨。《春秋左传集解》第29："及夫差克越，乃修先君之怨。"
⑥ "远识"，远见卓识。
⑦ "役"，使唤，役使。
⑧ "乖变"，变故。
⑨ "后"，后嗣。
⑩ "养亲"，奉养父母。"如一"，没有差别。
⑪ "谏诲"，规劝教诲。
⑫ "重爱"，厚爱。《管子校释》卷第15《任法》："故为人主者，不重爱人，不重恶人。重爱曰失德，重恶曰失威。威德皆失，则主危也。重爱、重恶，谓偏重于爱人，偏重于恶人也。"

财产者，盖由见识高远之人，不听妇女之言，而先施之厚①，因以得兄弟之心也。

婢仆之言多间斗

妇女之易生言语者，又多出于婢妾之间斗。婢妾愚贱，尤无见识，以言他人之短失为忠于主母②。若妇女有见识，能一切勿听，则虚佞之言不复敢进③。若听之信之，从而爱之，则必再言之，又言之，使主母与人遂成深仇，为婢妾者方洋洋得志。非特婢妾为然，奴隶亦多如此。若主翁听信④，则房族⑤、亲戚、故旧皆大失欢⑥，而善良之仆佃，皆翻致诛责矣⑦【18】。

---

① "施"，给予恩惠。
② "主母"，婢妾、仆役对女主人的称呼。
③ "虚佞之言"，假话，谄媚之言。
④ "主翁"，男主人。
⑤ "房族"，同支宗亲的总称。
⑥ "故旧"，旧交，旧友。《四书章句集注·论语集注》卷4《泰伯第八》："君子笃于亲，则民兴于仁；故旧不遗，则民不偷。"
⑦ "诛责"，惩罚，责罚。《尉缭子》卷3《原官第十》："明赏赉，严诛责，止奸之术也。"

亲邻不宜频假贷[19]

房族、亲戚、邻居,其贫者才有所阙,必请假焉①。虽米、盐、酒、醋计钱不多,然朝夕频频,令人厌烦。如假借衣服、器用,既为损污,又因以质钱②。借之者历历在心,日望其偿;其借者非惟不偿,又行行常自若③,且语人曰:"我未尝有纤毫假贷于他。"此言一达,岂不招怨怒?

亲旧贫者随力周济

应亲戚、故旧有所假贷,不若随力给与之。言借则我望其还,不免有所索。索之既频,而负偿冤主反怒曰:"我欲偿之,以其不当频索,则姑已之!"方其不索,则又曰:"彼不下气问我,我何为而强还之?"故索亦不偿,不索亦不偿,终于交

---

① "假",借。
② "质钱",抵押换钱。《说文解字》卷6:"质,以物相赘。"
③ "行行",刚强负气貌。《四书章句集注·论语集注》卷6《先进第十一》:"闵子侍侧,訚訚如也;子路,行行如也;冉有、子贡,侃侃如也。子乐。"注:"行行,刚强之貌。"

怨而后已①。盖贫人之假贷，初无肯偿之意，纵有肯偿之意，亦何由得偿？或假贷作经营，又多以命穷计拙而折阅②。方其始借之时，礼甚恭，言甚逊，其感恩之心，可指日以为誓。至他日责偿之时，恨不以兵刃相加。凡亲戚、故旧，因财成怨者多矣。俗谓："不孝怨父母，欠债怨财主。"不若念其贫，随吾力之厚薄，举以与之，则我无责偿之念，彼亦无怨于我。

子弟常宜关防③

子孙有过，为父祖者多不自知，贵官尤甚。盖子孙有过，多掩蔽父祖之耳目。外人知之，窃笑而已，不使其父祖知之。至于乡曲贵宦④，人之进见有时⑤，称道盛德之不暇⑥，岂敢言其子孙之非？况又自以子孙为贤，而以人言为诬，故子孙有弥天之过，而父祖不知也。间有家训稍严，而母氏犹有庇其子之

---

① "交怨"，结怨。
② "折阅"，减价销售。《荀子集解》卷1《修身篇第二》："故良农不为水旱不耕，良贾不为折阅不市。"集解："折，损也。阅，卖也。谓损所阅卖之物价也。"
③ 《州县提纲》卷1《防闲子弟》："凡在官守，汩于词讼，窘于财赋，困于朱墨，往往于闱门之内，类不暇察，至有子弟受人之赂而不知者。盖子弟不能皆贤，或为吏辈诱以小利，至累及终身。"
④ "乡曲"，乡里。
⑤ "进见"，谒见，指上前会见尊长等。
⑥ "盛德"，高尚的品德。"不暇"，没有空闲，来不及。《尚书集传》卷4《周书·酒诰》："罔敢湎于酒，不惟不敢，亦不暇。"

恶①，不使其父知之。

富家之子孙不肖，不过耽酒、好色、赌博、近小人，破家之事而已。贵宦之子孙不止此也。其居乡也，强索人之酒食，强贷人之钱财，强借人之物而不还，强买人之物而不偿②。亲近群小，则使之假势以凌人；侵害善良，则多致饰词以妄讼③；乡人有曲理犯法事，认为己事，名曰"担当"；乡人有争讼，则伪作父祖之简④，干恳州县，求以曲为直；差夫借船，放税免罪⑤，以其所得，为酒色之娱。殆非一端也。其随侍也⑥，私令市贾买物⑦[20]，私令吏人买物，私托场务买物⑧，皆不偿其直。吏人补名，吏人免罪，吏人有优润⑨，皆必责其报⑩；典买婢妾，限以低价⑪，而使他人填陪⑫；或同院子游狎⑬，或干场务放税⑭，

---

① "庇"，包庇，袒护。
② "偿"，还，付钱。
③ "饰词"，粉饰言辞。"妄"，诬也。
④ "简"，简札。《尔雅注疏》卷5《释器第六》："简谓之毕。"释曰："简，竹简也。古未有纸，载文于简，谓之简札。一名毕。"
⑤ "放税"，免税。
⑥ "随侍"，跟随侍奉。
⑦ 《春秋左传集解》第23："宣子曰：同恶相求，如市贾焉。""市贾"，市场上的商人。
⑧ "场务"，宋代盐铁等专卖机构。
⑨ "优润"，盈余。
⑩ "报"，报答，酬劳。
⑪ "限"，限定，限制。
⑫ "填陪"，即填赔，补偿。
⑬ "院子"，豪门势家管出入收发的仆人。
⑭ "干"，冒犯，干涉。

其他妄有求觅，亦非一端，不恤误其父祖陷于刑辟也①。凡为人父祖者宜知此事，常关防②，更常询访，或庶几焉③。

子弟贪缪勿使仕宦

子弟有愚缪贪污者④，自不可使之仕宦。古人谓："治狱多阴德，子孙当有兴者。"⑤谓利人而人不知所自则得福⑥。今其愚缪，必以狱讼事悉委胥辈⑦，改易事情，庇恶陷善，岂不与阴德相反！古人又谓"我多阴谋，道家所忌"⑧，谓害人而人不知所自则得祸。今其贪污，必与胥辈同谋，货鬻公事⑨，以曲为直，人受其冤，无所告诉，岂不谓之阴谋。士大夫试历数乡曲，

---

① "刑辟"，刑律。
② "关防"，防范。
③ "庶几"，差不多。
④ "愚缪"，愚蠢悖谬。
⑤ "治狱多阴德，子孙当有兴者"，出自《汉书》卷71《于定国传》："始定国父于公，其闾门坏，父老方共治之。于公谓曰：'少高大闾门，令容驷马高盖车。我治狱多阴德，未尝有所冤，子孙必有兴者。'至定国为丞相，永为御史大夫，封侯传世云。"
⑥ "所自"，由来。
⑦ "胥辈"，泛指吏胥。
⑧ "我多阴谋，道家所忌"，出自《史记》卷56《陈丞相世家》："始陈平曰：'我多阴谋，是道家之所禁。吾世即废，亦已矣，终不能复起，以吾多阴祸也。'然其后曾孙陈掌以卫氏亲贵戚，愿得续封陈氏，然终不得。"
⑨ "货鬻"，出售。此处泛指收受贿赂。

三十年前宦族①，今能自存者，仅有几家？皆前事所致也，有远识者必信此言。

家业兴替系子弟

同居父兄子弟，善恶贤否相半，若顽很刻薄不惜家业之人先死②，则其家兴盛未易量也；若慈善长厚勤谨之人先死③，则其家不可救矣。谚云："莫言家未成，成家子未生；莫言家未破，破家子未大。"亦此意也。

养子长幼异宜

贫者养他人之子，当于幼时。盖贫者无田宅可养，暮年惟望其子反哺④，不可不自其幼时，衣食抚养以结其心。富者养他人之子，当于既长之时⑤。今世之富人养他人之子，多以为

---

① "宦族"，官宦之家，常指累世为官之家。《晋书》卷60《索靖传》："索靖字幼安，敦煌人也。累世宦族。"
② "顽很"，凶恶暴戾。
③ "长厚"，恭谨宽厚。"勤谨"，勤劳谨慎。
④ "反哺"，喻子女孝养父母。
⑤ "长"，年纪大，成人。

讳①，故欲及其无知之时抚养，或养所出至微之人②，长而不肖，恐其破家，方议逐去，致有争讼。若取于既长之时，其贤否可以粗见，苟能温淳守己③，必能事所养如所生，且不致破家，亦不致兴讼也④。

子多不可轻与人

多子固为人之患，不可以多子之故轻以与人，须俟其稍长，见其温淳守己，举以与人，两家获福。如在襁褓即以与人，万一不肖，既破他家，必求归宗⑤，往往兴讼，又破我家，则两家受其祸矣。

养异姓子有碍

养异姓之子，非惟祖先神灵不歆其祀⑥，数世之后，必与

---

① "讳"，顾忌，避忌。《墨子间诂》卷9《非命上第三十五》："福不可请，祸不可讳，敬无益，暴无伤。"
② "微"，贫贱。《尚书集传》卷1《虞书·舜典》："虞舜侧微。"
③ "温淳守己"，指性情温和淳朴，安守本分。
④ "兴讼"，发生诉讼，打官司。
⑤ "归宗"，指人出嗣异姓或别支后又复归本宗。
⑥ "歆"，犹飨。《春秋左传集解》第7："不歆其祀。"

同姓通婚姻者，律禁甚严，人多冒之，至启争讼。设或人不之告，官不之治，岂可不思理之所在。江西养子，不去其所生之姓，而以所养之姓冠于其上，若复姓者，虽于经律无见，亦知恶其无别如此。

立嗣择昭穆相顺①

同姓之子，昭穆不顺②，亦不可以为后。鸿雁微物，犹不乱行③，人乃不然，至以叔拜侄，于理安乎！况启争端，设不得已，养弟、养侄孙以奉祭祀，惟当抚之如子，以其财产与之。受所养者奉所养如父，如古人为嫂制服④，如今世为祖承重之意⑤，而昭穆不乱，亦无害也。

---

① 《宋刑统校证》卷12《户婚律》四《养子》："【议曰】依户令，无子者，听养同宗于昭穆相当者。既蒙收养，而辄舍去，徒贰年。若所养父母自生子及本生父母无子，欲还本生者，并听。即两家并皆无子，去住亦任其情。"《名公书判清明集》卷7《户婚门·立继·双立母命之子与同宗之子》："【仓司拟笔】在法：无子孙，养同宗昭穆相当者，其生前所养，须小于所养父之年齿，此隆兴敕也。"
② "昭穆"，古代宗法制度，宗庙或墓地的辈次排列，始祖居中，二世、四世、六世位于始祖左方，称昭；三世、五世、七世位于始祖右方，称穆；用来分别宗族内的长幼、亲属、远近。后泛指家族的辈分。《周礼注疏》卷19《春官·小宗伯》："辨庙祧之昭穆。"
③ "乱行"，乱了行辈。
④ "制服"，丧服。
⑤ "承重"，承受丧祭与宗庙的重任。《仪礼注疏》卷30《丧服·适孙》："此谓适子死，其适孙承重者，祖为之期。"

庶孽遗腹宜早辨①

别宅子②、遗腹子③，宜及早收养教训，免致身后论讼。或已习为愚下之人④，方欲归宗，尤难处也。女亦然。或与杂滥之人通私，或婢妾因他事逐去【21】，皆不可不于生前早有辨明，恐身后有求归宗，而暗昧不明，子孙被其害者。

三代不可借人用

世有养孤遗子者⑤，及长，使为僧道，乃从其姓，用其三

---

① 《宋刑统校证》卷12《户婚律》七《卑幼私用财》："【准】唐天宝陆载伍月贰十肆日敕节文：百官、百姓身亡殁后，称是别宅异居男女及妻妾等，府县多有前件诉讼。身在纵不同居，亦合收编本籍。既别居无籍，即明非子息。及加推案，皆有端由，或其母先因奸私，或素是出妻弃妾，苟祈侥幸，利彼资财，遂使真伪难分，官吏惑听。其百官、百姓身亡之后，称是在外别生男女及妻妾先不入户籍者，一切禁断。辄经府县陈诉，不须为理，仍量事科决，勒还本居。"
② "别宅子"，指别室所生之子。《名公书判清明集》卷8《户婚门·别宅子》："诸别宅之子，其父死而无证据者，官司不许受理。"
③ "遗腹子"，指孕妇于丈夫去世后所生的孩子。
④ "愚下"，愚昧卑下。
⑤ "孤遗子"，犹"遗孤子"，指父母去世后所遗留的子女。

代①。有族人出家，而借用有荫人三代②，此虽无甚利害，然有还俗求归宗者，官以文书为验，则不可断以为非【22】，此不可不防微也。

收养义子当绝争端

贤德之人，见族人及外亲子弟之贫③，多收于其家，衣食、教抚如己子，而薄俗乃有贪其财产④，于其身后强欲承重，以为"某人尝以我为嗣矣"。故高义之事，使人病于难行⑤。惟当于平昔别其居处，明其名称。若己嗣未立，或他人之子弟年居己子之长，尤不可不明嫌疑于平昔也。娶妻而有前夫之子，接脚夫而有前妻之子⑥，欲抚养不欲抚养，尤不可不早定，以息他日之争。同入门及不同入门，同居及不同居，当质之于众⑦，明之于官，以绝争端。若义子有劳于家，亦宜早有所酬。义兄弟有

---

① "三代"，父、祖、曾祖，此处泛指血缘关系。
② "有荫人"，因祖上有功而推恩得赐官爵之人。此处泛指享有荫补恩典之人。
③ "外亲"，女系的亲属。《白虎通疏证》卷8《宗族·论九族》："母昆弟者男女皆在外亲，故合言之也。"
④ "薄俗"，轻薄的习俗，坏风气。
⑤ "病"，担心，忧虑。
⑥ "接脚夫"，指妇女夫死后，在家再招之夫。《名公书判清明集》卷9《户婚门·已出嫁母卖其子物业》："在法有接脚夫，盖为夫亡子幼，无人主家设也。"
⑦ "质"，质证，证明。

劳有恩，亦宜割财产与之，不可拘文而尽废恩义也①。

孤女财产随嫁分给

孤女有分②，必随力厚嫁；合得田产，必依条分给。若吝于目前，必致嫁后有所陈诉③。

孤女宜早议亲

寡妇再嫁，或有孤女年未及嫁，如内外亲姻有高义者，宁

---

① "拘文"，拘泥成法。
② "孤女"，无父或无父母之女。
③ 《宋刑统校证》卷12《户婚律》八《户绝资产》："【准】丧葬令：诸身丧户绝者，所有部曲、客女、奴婢、店宅、资财，并令近亲（原注：亲，依本服，不以出降）转易货卖，将营葬事及量营功德之外，余财并与女。（原注：户虽同，资财先别者，亦准此）无女，均入以次近亲，无亲戚者，官为检校。若亡人在日，自有遗嘱处分，证验分明者，不用此令。"《宋会要辑稿》食货61之58："（天圣）四年七月，审刑院言：'详定户绝条贯：今后户绝之家，如无在室女，有出嫁女者，将资财、庄宅物色除殡葬营斋外，三分与一分。如无出嫁女，即给与出嫁亲姑、姊妹、侄一分。余二分，若亡人在日，亲属及入舍婿、义男、随母男等自来同居，营业佃莳，至户绝人身亡及三年已上者，二分店宅、财物、庄田并给为主。如无出嫁姑、姊妹、侄，并全与同居之人。若同居未及三年，及户绝之人子然无同居者，并纳官，庄田依令文均与近亲。如无近亲，即均与从来佃莳或分种之人承税为主。若亡人遗嘱证验分明，依遗嘱施行。'从之。"

若与之议亲①，使鞠养于舅姑之家②，俟其长而成亲。若随母而归义父之家，则嫌疑之间，多不自明。

再娶宜择贤妇

中年以后丧妻，乃人之大不幸。幼子、稚女无与之抚存，饮食、衣服，凡闺门之事无与之料理，则难于不娶。娶在室之人③，则少艾之心非中年以后之人所能御④。娶寡居之人，或是不能安其室者，亦不易制。兼有前夫之子不能忘情，或有亲生之子，岂免二心？故中年再娶为尤难，然妇人贤淑自守、和睦如一者不为无人，特难值耳⑤【23】。

---

① "议亲"，即议婚，商议婚事。
② "鞠养"，抚养教育。《后汉书》卷39《刘般传》："早失母，同产弟原乡侯平尚幼，纡亲自鞠养，常与共卧起饮食。"
③ "在室之人"，指未婚女子。
④ "少艾"，美貌的少女。《孟子正义》卷18《万章上》："人少则慕父母，知好色则慕少艾，有妻子则慕妻子，仕则慕君，不得于君则热中。"注："艾，美好也。""御"，制御。
⑤ "值"，逢，相遇。

妇人不必预外事

妇人不预外事者①，盖谓夫与子既贤，外事自不必预。若夫与子不肖，掩蔽妇人之耳目，何所不至！今人多有游荡②、赌博，至于鬻田园，甚至于鬻其所居，妻犹不觉。然则夫之不贤，而欲求预外事，何益也？子之鬻产必同其母，而伪书契字者有之。重息以假贷③，而兼并之人不惮于论讼④。贷茶、盐以转货⑤，而官司责其必偿，为母者终不能制。然则子之不贤，而欲求预外事，何益也？此乃妇人之大不幸，为之奈何！苟为夫能念其妻之可怜，为子能念其母之可怜，顿然悔悟，岂不甚善。

---

① "预"，参预。"外事"，家庭或个人以外之事。
② "游荡"，游乐放荡。
③ "重息"，很高的利息。
④ "兼并之人"，指侵吞、侵占别人产业之人。"不惮"，不害怕。
⑤ "转货"，做生意。《史记》卷67《仲尼弟子列传》："子贡好废举，与时转货赀。"集解："废举谓停贮也。与时谓逐时也。夫物贱则买而停贮，值贵即逐时转易，货卖取资利也。"索隐："刘氏云：'废谓物贵而卖之，举谓物贱而收买之，转货谓转贵收贱也。'"

寡妇治生难托人

妇人有以其夫蠢懦而能自理家务①，计算钱谷出入，人不能欺者；有夫不肖而能与其子同理家务，不致破荡家产【24】者；有夫死子幼而能教养其子，敦睦内外姻亲②，料理家务，至于兴隆者，皆贤妇人也。而夫死子幼，居家营生，最为难事。托之宗族，宗族未必贤；托之亲戚，亲戚未必贤。贤者又不肯预人家事，惟妇人自识书算，而所托之人，衣食自给，稍识公义③，则庶几焉。不然，鲜不破家。

男女不可幼议婚

人之男女，不可于幼小之时便议婚姻。大抵女欲得托，男欲得偶，若论目前，悔必在后。盖富贵盛衰，更迭不常。男女之贤否，须年长乃可见。若早议婚姻，事无变易，固为甚善，

---

① "蠢懦"，愚蠢懦弱。
② "敦睦"，亲善和睦。
③ "公义"，公正的义理。《荀子集解》卷1《修身篇第二》："怒不过夺，喜不过予，是法胜私也。《书》曰：'无有作好，遵王之道；无有作恶，遵王之路。'此言君子之能以公义胜私欲也。"

或昔富而今贫，或昔贵而今贱；或所议之婿流荡不肖，或所议之女很戾不检①。从其前约则难保家，背其前约则为薄义，而争讼由之以兴，可不戒哉！

议亲贵人物相当

男女议亲，不可贪其阀阅之高②，资产之厚。苟人物不相当，则子女终身抱恨，况又不和而生他事者乎！

嫁娶当父母择配偶

有男虽欲择妇，有女虽欲择婿，又须自量我家子女如何。如我子愚痴庸下③，若娶美妇，岂特不和，或有他事；如我女丑拙很妒④，若嫁美婿，万一不和，卒为其弃出者有之。凡嫁娶因非偶而不和者，父母不审之罪也⑤。

---

① "很戾不检"，凶恶残暴，不知约束自己的言行。
② "阀阅"，此处泛指门第、家世。
③ "愚痴"，愚昧痴呆。《论衡校释》卷20《论死篇》："五藏不伤，则人智慧；五藏有病，则人荒忽，荒忽则愚痴矣。""庸下"，平庸低下。
④ "很妒"，即"狠妒"。
⑤ "审"，慎。

媒妁之言不可信

古人谓"周人恶媒",以其言语反复,给女家则曰"男富"①,给男家则曰"女美",近世尤甚。给女家则曰:"男家不求备礼②,且助出嫁遣之资。"给男家则厚许其所迁之贿,且虚指数目。若轻信其言而成婚,则责恨见欺,夫妻反目,至于仳离者有之③。大抵嫁娶固不可无媒,而媒者之言不可尽信。如此,宜谨察于始。

因亲结亲尤当尽礼

人之议亲,多要因亲及亲,以示不相忘,此最风俗好处,然其间妇女无远识,多因相熟而相简④,至于相忽⑤,遂至于相

---

① "绐",欺骗。
② "备礼",礼仪周备。《毛诗注疏》卷9《小雅·鱼丽序》:"《鱼丽》,美万物盛多,能备礼也。"
③ "仳离",夫妻分离,特指妇女被抛弃。《毛诗注疏》卷4《王风·中谷有蓷》:"有女仳离,嘅其叹矣。"传:"仳,别也。"郑笺:"有女遇凶年而见弃,与其君子别离,叹然而叹,伤己见弃,其恩薄。"
④ "相简",彼此轻慢。
⑤ "相忽",彼此忽视、轻视。

争而不和，反不若素不相识而骤议亲者。故凡因亲议亲，最不可托熟阙其礼文①，又不可忘其本意，极于责备，则两家周致无他患矣②。故有侄女嫁于姑家，独为姑氏所恶；甥女嫁于舅家，独为舅妻所恶；姨女嫁于姨家，独为姨氏所恶，皆由玩易于其初，礼薄而怨生，又有不审于其初之过者。

女子可怜宜加爱

嫁女须随家力，不可勉强。然或财产宽余，亦不可视为他人，不以分给。今世固有生男不得力而依托女家，及身后葬、祭皆由女子者，岂可谓生女之不如男也。大抵女子之心最为可怜，母家富而夫家贫，则欲得母家之财以与夫家；夫家富而母家贫，则欲得夫家之财以与母家。为父母及夫者，宜怜而稍从之。及其有男女嫁娶之后，男家富而女家贫，则欲得男家之财以与女家；女家富而男家贫，则欲得女家之财以与男家。为男女者，亦宜怜而稍从之。若或割贫益富，此为非宜，不从可也。

---

① "托熟"，仗着交情或熟人而不拘礼文。"礼文"，礼节仪式。
② "周致"，周到严格。

妇人年老尤难处

人言"光景百年，七十者稀"，为其倏忽易过。而命穷之人，晚景最不易过①。大率五十岁前②，过二十年如十年；五十岁后，过十年不啻二十年③，而妇人之享高年者尤为难过。大率妇人依人而立，其未嫁之前，有好祖不如有好父，有好父不如[25]有好兄弟，有好兄弟不如有好侄。其既嫁之后，有好翁不如有好夫④，有好夫不如有好子，有好子不如有好孙。故妇人多有少壮享富贵而暮年无聊者⑤，盖由此也。凡其亲戚，所宜矜念⑥。

收养亲戚当虑后患

人之姑、姨、姊妹及亲戚妇人年老而子孙不肖，不能供养

---

① "晚景"，晚年的境遇。
② "大率"，大概，大致。
③ "不啻"，无异于。《尚书集传》卷5《周书·多士》："尔不克敬，尔不啻不有尔土，予亦致天之罚于尔躬。"
④ "翁"，指夫之父。
⑤ "无聊"，无所依靠。
⑥ "矜念"，怜念。

者①，不可不收养，然又须关防，恐其身故之后②，其不肖子孙却妄经官司，称其人因饥寒而死，或称其人有遗下囊箧之物。官中受其牒③，必为追证④，不免有扰。须于生前令白之于众，质之于官，称身外无余物，则免他患。大抵要为高义之事，须令无后患。

分给财产务均平

父祖高年，怠于管干⑤，多将财产均给子孙。若父祖出于公心，初无偏曲⑥，子孙各能戮力⑦，不事游荡⑧，则均给之后，既无争讼，必至兴隆。若父祖缘有过房之子⑨，缘有前母、后母之子，缘有子亡而不爱其孙，又有虽是一等子孙⑩，自有憎爱，凡衣食、财物所及，必有厚薄，致令子孙力求均给，其父祖又于

---

① "供养"，赡养。
② "身故"，身亡，去世。
③ "牒"，文牒。
④ "追证"，追查对证。
⑤ "怠"，松懈，懈怠。
⑥ "偏曲"，不公正。
⑦ "戮力"，并力，勉力。《尚书集传》卷3《商书·汤诰》："聿求元圣，与之戮力，以与尔有众请命。"
⑧ "不事"，不从事。
⑨ "缘"，因为。"过房"，无子而以兄弟之子或他人之子为子。
⑩ "一等"，一样，相同。

其中暗有轻重，安得不起他日争端。

若父祖缘其子孙内有不肖之人，虑其侵害他房，不得已而均给者，止可逐时均给财谷①，不可均给田产。若均给田产，彼以为己分所有，必邀求尊长立契典卖②，典卖既尽，窥觊他房③，从而婪取④，必至兴讼，使贤子贤孙被其扰害，同于破荡，不可不思。大抵人之子孙，或十数人皆能守己，其中有一不肖，则十数均受其害，至于破家者有之。国家法令百端⑤，终不能禁；父祖智谋百端，终不能防。欲保延家祚者⑥，览【26】他家之已往⑦，思我家之未来，可不修德熟虑以为长久之计耶！

遗嘱公平绝后患

遗嘱之文，皆贤明之人为身后之虑，然亦须公平，乃可以保家。如劫于悍妻黠妾⑧，因于后妻爱子中有偏曲厚薄，或妄立

---

① "逐时"，随时。
② "立契"，订立契约。
③ "窥觊"，伺机图谋，觊觎。
④ "婪取"，犹贪索。
⑤ "百端"，多种多样。
⑥ "家祚"，犹家运。
⑦ "已往"，以前。《陶渊明集笺注》卷5《归去来兮辞》："悟已往之不谏，知来者之可追。"
⑧ "劫"，强迫，威胁。

嗣①，或妄逐子，不近人情之事，不可胜数，皆所以兴讼破家也【27】。

遗嘱之文宜预为

父祖有虑子孙争讼者，常欲预为遗嘱之文，而不知风烛不常②，因循不决③，至于疾病危笃④，虽中心尚了然⑤，而口不能言，手不能动，饮恨而死者多矣⑥，况有神识昏乱者乎！

置义庄不若置义学【28】

置义庄以济贫族⑦，族久必众，不惟所得渐微，不肖子弟得之不以济饥寒，或为一醉之适⑧，或为一掷之娱⑨，致【29】有以其

---

① "妄"，荒诞，狂乱。《荀子集解》卷4《儒效篇第八》："故闻之而不见，虽博必谬；见之而不知，虽识必妄；知之而不行，虽敦必困。"
② "风烛不常"，喻生命不稳定，如风中蜡烛，随时可能会熄灭。
③ "因循不决"，迟延拖拉，拿不定主意。
④ "疾病危笃"，指病势危急。
⑤ "了然"，明白清楚。
⑥ "饮恨"，带着遗憾、后悔。
⑦ "义庄"，旧时族中所置赡济族人的田庄。"济"，帮助，接济。
⑧ "适"，满足。
⑨ "掷"，投，抛，此处泛指赌博之类。

合得券历预质于人，而所得不及其半者，此为何益？若其所得之多，饱食终日，无所用心，扰暴乡曲，紊烦官司而已①。不若以其田置义学，及依寺院置度僧田②，能为儒者择师训之③，既为之食，且有以周其乏【30】。质不美者，无田可养，无业可守，则度以为僧。非惟不至失所狼狈④，辱其先德⑤，亦不至生事扰人，紊烦官司也。

校勘记

【1】"启"，知不足斋丛书本、文渊阁四库全书本、文津阁四库全书本同，宝颜堂秘笈本作"为"。

【2】"语此"，知不足斋丛书本、文渊阁四库全书本、文津阁四库全书本同，宝颜堂秘笈本作"言此"。

【3】"或"字原脱，据宝颜堂秘笈本、知不足斋丛书本、文津阁四库全书本补。

【4】"此强即彼弱"，原作"此弱即彼弱"，据原文朱批、宝颜堂秘笈本、知不足斋丛书本、文渊阁四库全书本、文津阁四库全书本改。

---

① "紊烦"，烦扰。
② "义学"，旧时由官府、地方或私人出资兴建的免费学校，主要针对贫苦家庭子弟。"度僧田"，用田租来购买度牒剃度行者为僧的田产。
③ "训"，教导，教诲。
④ "非惟"，不仅仅。
⑤ "先德"，祖先的德行。

【5】"下",知不足斋丛书本、文渊阁四库全书本、文津阁四库全书本同,宝颜堂秘笈本作"下气"。

【6】"年高之人",知不足斋丛书本同,说郛本、宝颜堂秘笈本、文渊阁四库全书本、文津阁四库全书本作"高年之人"。

【7】"与物应接",原作"应与物接",据宝颜堂秘笈本改,文渊阁四库全书本、文津阁四库全书本作"凡与物接"。

【8】"牢不可解",知不足斋丛书本、文渊阁四库全书本、文津阁四库全书本同,宝颜堂秘笈本作"牢不可破"。

【9】"教之",知不足斋丛书本、文渊阁四库全书本、文津阁四库全书本同,宝颜堂秘笈本作"责之"。

【10】"幼而有所分别",知不足斋丛书本、文渊阁四库全书本同,宝颜堂秘笈本作"幼而教之以是非分别"。

【11】"或父或舅姑",知不足斋丛书本、文渊阁四库全书本同,宝颜堂秘笈本作"或父母或舅姑"。

【12】"数十金",文渊阁四库全书本、文津阁四库全书本同,知不足斋丛书本作"数十文",宝颜堂秘笈本作"数钱"。

【13】"总持",知不足斋丛书本、《新编居家必用事类全集·乙集》同,宝颜堂秘笈本、文渊阁四库全书本、文津阁四库全书本作"总提"。

【14】"累十数年",知不足斋丛书本、文渊阁四库全书本、文津阁四库全书本同,宝颜堂秘笈本作"累年争讼且必致"。

【15】"与嘱托吏胥"前,宝颜堂秘笈本多"资绝证佐"四字。

【16】"使之营家",知不足斋丛书本、文渊阁四库全书本、文津阁四库全书本同,宝颜堂秘笈本作"使之营运于家"。

【17】"则",原作"有",据宝颜堂秘笈本、知不足斋丛书本改。

【18】"翻致诛责矣"后,宝颜堂秘笈本多"有识之人自宜触类醒悟"。

【19】"亲邻",知不足斋丛书本作"亲戚"。

【20】"市贾买物",原作"市买买物",据宝颜堂秘笈本、知不足斋丛书本、文渊阁四库全书本、文津阁四库全书本改。

【21】"逐去",宝颜堂秘笈本、文渊阁四库全书本、文津阁四库全书本同,知不足斋丛书本作"逐出"。

【22】"断以为非",知不足斋丛书本同,文渊阁四库全书本、文津阁四库全书本作"指为非"。

【23】"特难值耳"后,宝颜堂秘笈本多"再娶者宜慎择"。

【24】"破荡家产",文渊阁四库全书本、文津阁四库全书本同,知不足斋丛书本、宝颜堂秘笈本作"破家荡产"。

【25】"不如",原作"不知",据知不足斋丛书本、文渊阁四库全书本、宝颜堂秘笈本、文津阁四库全书本改。

【26】"览",知不足斋丛书本同,宝颜堂秘笈本、文渊阁

四库全书本、文津阁四库全书本作"鉴"。

【27】"皆所以兴讼破家也",知不足斋丛书本、文渊阁四库全书本、文津阁四库全书本同,宝颜堂秘笈本、《新编居家必用事类全集·乙集》作"皆兴讼破家之端也"。

【28】此条宋本、知不足斋本无,据宝颜堂秘笈本补,标题采用天津古籍出版社标点本《袁氏世范》。

【29】"致",文渊阁四库全书本、文津阁四库全书本作"至"。

【30】"周其乏",文津阁四库全书本作"所乏"。

卷二 处己

人之智识有高下[1]

人之智识[2],固有高下,又有高下殊绝者[3]。高之见下,如登高望远,无不尽见;下之视高,如在墙外欲窥墙里。若高下相去差近[4],犹可与语;若相去远甚,不如勿告,徒费舌颊【1】尔[5]。譬如弈棋,若高低止较三五着[6],尚可对弈,国手与未识筹局之人对弈[7],果如何哉!

处富贵不宜骄傲

富贵乃命分偶然[8],岂宜以此骄傲乡曲。若本自贫窭[9],身

---

① 《四书章句集注·论语集注》卷3《雍也第六》:"子曰:中人以上,可以语上也;中人以下,不可以语上也。"张敬夫曰:圣人之道,精粗无二致,但其施教,则必因其材而笃焉。盖中人以下之质,骤而语之太高,非惟不能以入,且将妄意躐等,而教有不切于身之弊,亦终于下而已矣。故就其所及而语之,是乃所以使之切问近思,而渐进于高远也。
② "智识",智力,识见。
③ "殊绝",超绝,特出。
④ "差近",差距比较相近。
⑤ "舌颊",犹言说话,口舌。
⑥ "较",较量。"着",指下棋时落一子或走一步。
⑦ "国手",国中艺能出众之人。"筹局",棋局。
⑧ "命分",犹命运。
⑨ "贫窭",贫穷。《荀子集解》卷19《大略篇第二十七》:"然故民不困财,贫窭者有所窜其手。"

致富厚，本自寒素①，身致通显②，此虽人之所谓贤，亦不可以此取尤于乡曲③。若因父祖之遗资而坐飨肥浓④，因父祖之保任而驯致通显⑤，此何以异于常人。其间有欲以此骄傲乡曲，不亦羞而可怜哉！

礼不可因人分轻重

世有无知之人，不能一概礼待乡曲⑥，而因人之富贵贫贱设为高下等级⑦。见有资财、有官职者，则礼恭而心敬。资财愈多，官职愈高，则恭敬又加焉。至视贫者贱者，则礼傲而心慢⑧，曾不少顾恤⑨。殊不知彼之富贵，非我之荣；彼之贫贱，非我之辱，何用高下分别如此。长厚有识君子，必不然也。

---

① "寒素"，门第卑微又无官爵，此处泛指家境贫寒。
② "通显"，指官位高，名声大。
③ "取尤"，招致怨恨。
④ "遗资"，犹遗产。"肥浓"，泛指美味。
⑤ "保任"，泛指保举推荐。"驯致"，逐渐达到。
⑥ "一概"，全体，没有例外。"礼待"，以礼相待，表示敬意。
⑦ "设"，安排。
⑧ "慢"，不敬。
⑨ "曾"，犹乃也。"顾恤"，照顾体谅。

穷达自两途

操履与升沉自是两途①，不可谓操履之正，自宜荣贵；操履不正，自宜困厄②。若如此，则孔颜应为宰辅③，而古今宰辅达官不复小人矣。盖操履自是吾人当行之事，不可以此责效于外物④。责效不效，则操履必怠，而所守或变，遂为小人之归矣⑤。今世间多有愚蠢而飨富厚⑥，智慧而居贫寒者，皆自有一定之分，不可致诘⑦。若知此理，安而处之，岂不省事。

世事更变皆天理

世事多更变，乃天理如此。今世人往往见目前稍稍乐盛[2]，

---

① "操履"，操行。"升沉"，指仕宦升降进退。
② "困厄"，指生活、处境等艰难窘迫。
③ "孔颜"，指"文圣"孔子和"复圣"颜回（公元前521—公元前481），都是先秦著名的贤人。
④ "责效"，求取成效。
⑤ "归"，终竟之词。
⑥ "飨"，同"享"。
⑦ "致诘"，推究。《老子校释·道经》十四章："视之不见，名曰夷；听之不闻，名曰希；搏之不得，名曰微。此三者不可致诘，故混而为一。"

以为此生无足虑，不旋踵而破坏者多矣①。大抵天序十年一换甲②，则世事一变。今不须广论久远，只以乡曲十年前、二十年前比论目前，其成败兴衰何尝有定势？世人无远识，凡见他人兴进及有如意事则怀妒，见他人衰退及有不如意事则讥笑。同居及同乡人最多此患③。若知事无定势[3]，则自虑之不暇，何暇妒人笑人哉！

人生劳逸常相若

应高年飨富贵之人，必须少壮之时尝尽艰难，受尽辛苦，不曾有自少壮飨富贵安逸至老者。早年登科④，及早年受奏补之人⑤，必于中年龃龉不如意⑥，却至暮年方得荣达。或仕宦无龃龉，必其生事窘薄⑦，忧饥寒，虑婚嫁[4]。若早年宦达，不历艰难辛苦，及承父祖生事之厚⑧，更无不如意者，多不获高寿。

---

① "不旋踵"，喻极短的时间。"旋踵"，调转脚跟。
② "天序"，上天安排的顺序，自然的顺序。"换甲"，指甲、乙、丙、丁、戊、己、庚、辛、壬、癸十天干一周循环。
③ "患"，弊也。
④ "登科"，亦称"登第"，指科举考试考中进士。
⑤ "奏补"，犹奏荫。
⑥ "龃龉"，牙齿上下对不上，此处喻指仕途不顺达。
⑦ "生事"，犹生计。
⑧ "生事"，泛指产业。

造物乘除之理①,类多如此。其间亦有始终飨富贵者,乃是有大福之人,亦千万人中间有之,非可常也。今人往往机心巧谋②,皆欲不受辛苦,即飨富贵至终身,盖不知此理,而又非理计较,欲其子孙自少小安然、飨大富贵,尤其蔽惑也③,终于人力不能胜天[5]。

贫富定分任自然

富贵自有定分,造物者既设为一定之分,又设为不测之机④,役使天下之人朝夕奔趋⑤,老死而不觉。不如是,则人生天地间全然无事,而造化之术穷矣[6]。然奔趋而得者不过一二,奔趋而不得者盖千万人。世人终以一二者之故,至于劳心费力,老死无成者多矣。不知他人奔趋而得,亦其定分中所有者。若定分中所有,虽不奔趋,迟以岁月⑥,亦终必得。故

---

① "乘除",抵销。
② "机心",巧诈之心。《庄子集释》卷5上《外篇·天地第十二》:"有机械者必有机事,有机事者必有机心。机心存于胸中,则纯白不备。"疏:"夫有机关之器者,必有机动之务;有机动之务者,必有机变之心。机变存乎胸府,则纯粹素白不圆备矣。"
③ "蔽惑",蒙蔽迷惑。《汉书》卷27中之下《五行志第七中之下》:"言上不明,暗昧蔽惑,则不能知善恶,亲近习,长同类。"
④ "不测",不可测度。《四书章句集注·周易》卷3《系辞上传》:"阴阳不测之谓神。"
⑤ "役使",驱使。《管子校释》卷第24《轻重丁》:"故智者役使鬼神,而愚者信之。"
⑥ "迟",等待。

世有高见远识超出造化机关之外，任其自去自来者，其胸中平夷①，无忧喜，无怨尤②。所谓奔趋及相倾之事③，未尝萌于意间，则亦何争之有。前辈谓"死生贫富，生来注定。君子赢得为君子，小人枉了做小人【7】"④。此言甚切，人自不知耳！

忧患顺受则少安

人生世间，自有知识以来，即有忧患不如意事。小儿叫号，皆其意有不平。自幼至少至壮至老，如意之事常少，不如意之事常多⑤。虽大富贵之人，天下之所仰羡以为神仙⑥，而其不如意处各自有之，与贫贱人无异，特所忧虑之事异尔⑦。故谓

---

① "平夷"，平和。
② "怨尤"，埋怨责怪。《四书章句集注·论语集注》卷7《宪问第十四》："子曰：'不怨天，不尤人。下学而上达。知我者其天乎！'"
③ "相倾"，互相排挤。
④ 《四书章句集注·论语集注》卷6《颜渊第十二》："子夏曰：'商闻之矣：死生有命，富贵在天。'"注："命禀于有生之初，非今所能移；天莫之为而为，非我所能必，但当顺受而已。"
⑤ 《晋书》卷34《羊祜传》："会秦凉屡败，祜复表曰：'吴平则胡自定，但当速济大功耳。'而议者多不同，祜叹曰：'天下不如意，恒十居七八，故有当断不断。'"《稼轩词编年笺注》卷4《贺新郎·又用前韵再赋》："肘后俄生柳。叹人生不如意事，十常八九。"
⑥ "仰羡"，仰慕钦羡。
⑦ "特"，只，不过。

之缺陷世界，以人生世间无足心满意者，能达此理而顺受之①，则可少安。

谋事难成则永久

凡人谋事，虽日用至微者，亦须龃龉而难成，或几成而败，既败而复成。然后其成也永久平宁，无复后患。若偶然易成，后必有不如意者。造物微机，不可测度如此。静思之，则见此理，可以宽怀②。

性有所偏在救失

人之德性出于天资者，各有所偏③。君子知其有所偏，故以其所习为而补之，则为全德之人④。常人不自知其偏，以其所偏

---

① "达"，通。
② "宽怀"，宽心。
③ "偏"，不正，偏向。
④ "全德"，高尚完备的道德。《庄子集释》卷5上《外篇·天地第十二》："天下之非誉，无益损焉，是谓全德之人哉！"

而直情径行①,故多失。《书》言九德②,所谓宽、柔、愿、乱、扰、直、简、刚、强者,天资也;所谓栗、立、恭、敬、毅、温、廉、塞、义者,习为也。此圣贤之所以为圣贤也。后世有以性急而佩韦③、性缓而佩弦者④,亦近此类。虽然,己之所谓偏者,苦不自觉⑤,须询之他人乃知。

人行有长短

人之性行虽有所短⑥,必有所长。与人交游,若常见其短而不见其长,则时日不可同处⑦;若常念其长而不顾其短,虽终身与之交游可也。

---

① "直情径行",任凭自己的意志而径直行事。《礼记正义》卷9《檀弓下》:"礼有微情者,有以故兴物者,有直情而径行者,戎狄之道也,礼道则不然。"疏:"谓直肆己情而径行也。"
② 《尚书集传》卷1《虞书·皋陶谟》:"皋陶曰:'都!亦行有九德,亦言其人有德,乃言曰:载采采。'禹曰:'何?'皋陶曰:'宽而栗,柔而立,愿而恭,乱而敬,扰而毅,直而温,简而廉,刚而塞,强而义。彰厥有常,吉哉。日宣三德,夙夜浚明有家。日严祗敬六德,亮采有邦。翕受敷施,九德咸事,俊乂在官。'"
③ "佩韦","韦",皮绳,性柔韧,性子急躁之人身上佩韦用来警诫自己。《韩非子》卷8《观行》:"西门豹之性急,故佩韦以缓己。董安于之性缓,故佩弦以自急。"
④ "佩弦","弦",弓弦。弦常紧绷,性情迟缓之人身上佩弦用来警诫自己。见前文"佩韦"释义。
⑤ "苦",为某事所苦恼。
⑥ "性行",禀性行为。
⑦ "时日",较长的时间。

人不可怀慢伪妒疑之心

处己接物①，而常怀慢心②、伪心、妒心、疑心者，皆自取轻辱于人③，盛德君子所不为也④。慢心之人，自不如人，而好轻薄人。见敌己以下之人⑤，及有求于我者，面前既不加礼⑥，背后又窃讥笑。若能回省其身，则愧汗浃背矣。伪心之人言语委曲⑦，若甚相厚，而中心乃大不然。一时之间，人所信慕，用之再三，则踪迹露见，为人所唾去矣。妒心之人，常欲我之高出于人，故闻有称道人之美者，则忿然不平，以为不然；闻人有不如人者，则欣然笑快，此何加损于人，只厚怨耳⑧。疑心之人，人之出言未尝有心，而反复思绎曰⑨："此讥我何事？此

---

① "处己接物"，与人交际，接待人物。
② "慢心"，傲慢、怠慢之心。《四书章句集注·周易》卷3《系辞上传》："上慢下暴，盗思伐之矣。"
③ "轻辱"，轻慢凌辱。
④ "盛德"，指有德。
⑤ "敌己"，与自己相当，对等。
⑥ "加礼"，待人厚于常礼。《春秋左传集解》第19："晋侯见郑伯，有加礼，厚其宴好而归之。"
⑦ "委曲"，委婉周到。
⑧ "厚怨"，深深的抱怨。
⑨ "思绎"，思索寻求。

笑我何事？"则与人缔怨①，常萌于此。贤者闻人讥笑若不闻焉②，此岂不省事。

人贵忠信笃敬

言忠信，行笃敬③，乃圣人教人取重于乡曲之术④。盖财物交加⑤，不损人而益己；患难之际，不妨人而利己，所谓忠也。有所许诺，纤毫必偿；有所期约⑥，时刻不易，所谓信也。处事近厚，处心诚实，所谓笃也。礼貌卑下，言辞谦恭，所谓敬也。若能行此，非惟取重于乡曲，则亦无入而不自得。然"敬"之一事，于己无损，世人颇能行之，而矫饰假伪⑦，其中心则轻薄，是能敬而不能笃者，君子指为谀佞⑧，乡人久亦不归重也⑨。

---

① "缔怨"，结怨。
② "若"，如，好像。
③ "笃敬"，"笃"，笃厚，真诚。"笃敬"笃厚敬肃。
④ "取重"，得到重视。
⑤ "交加"，相加。《文选》卷19《高唐赋》："交加累积，重迭增益。"李善注："交加者，言石相交加，累其上，别有交加。"
⑥ "期约"，共同遵守的约定。
⑦ "矫饰"，虚伪，做作。
⑧ "谀佞"，"谀"，谄媚，用不实之词奉承人。《尚书集传》卷6《周书·冏命》："仆臣正，厥后克正；仆臣谀，厥后自圣。""佞"，花言巧语。
⑨ "归重"，犹推重。

厚于责己而薄责人

忠、信、笃、敬，先存其在己者，然后望其在人者①。如在己者未尽，而以责人，人亦以此责我矣。今世之人，能自省其忠、信、笃、敬者盖寡②，能责人以忠、信、笃、敬者皆然也。虽然，在我者既尽，在人者亦不必深责。今有人能尽其在我者固善矣，乃欲责人之似己，一或不满吾意③，则疾之已甚④，亦非有容德者⑤，只益贻怨于人耳。

处事当无愧心

今人有为不善之事，幸其人之不见不闻⑥，安然自肆⑦，无所畏忌。殊不知人之耳目可掩，神之聪明不可掩。凡吾之处

---

① "望"，期待。
② "自省"，自我反省，自我批评。
③ "一或"，犹或者。
④ "疾"，厌恶，憎恨。
⑤ "容德"，宽容之德。《尚书集传》卷5《周书·立政》："率惟谋从容德，以并受此丕丕基。"孔传："武王循惟谋从文王宽容之德。"
⑥ "幸"，希望。
⑦ "自肆"，放纵任意。《列子集释》卷7《杨朱篇》："徒失当年之至乐，不能自肆于一时。"

事，心以为可，心以为是，人虽不知，神已知之矣。吾之处事，心以为不可，心以为非，人虽不知，神已知之矣。吾心即神，神即祸福，心不可欺，神亦不可欺。《诗》曰："神之格思，不可度思，矧可射思。"① 释者以谓吾心，以为神之至也。尚不可得而窥测，况不信其神之在左右，而以厌射之心处之②，则亦何所不至哉！

为恶祷神为无益

人为善事而未遂，祷之于神，求其阴助③，虽未见效，言之亦无愧。至于为恶事而未遂，亦祷之于神，求其阴助，岂非欺罔。如谋为盗贼而祷之于神，争讼无理而祷之于神，使神果从其言而幸中，此乃贻怒于神，开其祸端耳。

公平正直人之当然

凡人行己公平正直，可用此以事神，而不可恃此以慢神；

---

① "神之格思，不可度思，矧可射思"，出自《毛诗注疏》卷18《荡之什·抑》。
② "厌射"，压制。
③ "阴助"，暗中帮助。

可用此以事人，而不可恃此以傲人。虽孔子亦以敬鬼神[1]、事大夫[2]、畏大人为言[3]，况下此者哉！彼有行己不当理者[4]，中有所慊[5]，动辄知畏，犹能避远灾祸以保其身。至于君子而偶罹于灾祸者[6]，多由自负以召致之耳！

悔心为善之几

人之处事，能常悔往事之非，常悔前言之失，常悔往年之未有知识，其贤德之进，所谓"长日加益，而人不自知也"[7]。

---

[1] 《四书章句集注·论语集注》卷3《雍也第六》："樊迟问知。子曰：'务民之义，敬鬼神而远之，可谓知矣。'"注："专用力于人道之所宜，而不惑于鬼神之不可知，知者之事也。"

[2] 《四书章句集注·论语集注》卷8《卫灵公第十五》："子贡问为仁。子曰：'工欲善其事，必先利其器。居是邦也，事其大夫之贤者，友其士之仁者。'"注："贤以事言，仁以德言。夫子尝谓子贡悦不若己者，故以是告之。欲其有所严惮切磋以成其德也。"

[3] 《四书章句集注·论语集注》卷8《季氏第十六》："孔子曰：'君子有三畏：畏天命，畏大人，畏圣人之言。'"注："畏者，严惮之意也。……大人圣言，皆天命所当畏。"

[4] "行己"，立身行事。《四书章句集注·论语集注》卷3《公冶长第五》："子谓子产：'有君子之道四焉：其行己也恭，其事上也敬，其养民也惠，其使民也义。'"

[5] "慊"，嫌恨，不满足。

[6] "罹"，遭遇。

[7] 《汉书》卷56《董仲舒传》："积善在身，犹长日加益，而人不知也；积恶在身，犹火之销膏，而人不见也。"

古人谓"行年六十,而知五十九之非"者①,可不勉哉!

恶事可戒而不可为②

凡人为不善事而不成,正不须怨天尤人,此乃天之所爱,终无后患。如见他人为不善事常称意者,不须多羡,此乃天之所弃。待其积恶深厚,从而殄灭之③。不在其身,则在其子孙,姑少待之④,当自见也。

善恶报应难穷诘

人有所为不善,身遭刑戮⑤,而其子孙昌盛者,人多怪之⑥,以为天理有误。殊不知此人之家,其积善多,积恶少,少

---

① 《庄子集释》卷8下《杂篇·则阳第二十五》:"蘧伯玉行年六十而六十化,未尝不始于是之而卒诎之以非也,未知今之所谓是之非五十九非也。"疏:"故变为新,以新为是;故已谢矣,以故为非。然则去年之非,于今成是;今年之是,来岁为非。是知执是执非,滞新执故者,倒置之流也。故容成氏曰:除日无岁,蘧瑗达之,故随物化也。"
② 李元春评阅曰:人为不善而称意,亦须怜其不知此意。
③ "殄灭",消灭。
④ "少待",稍等。
⑤ "刑戮",受刑罚或被处死。
⑥ "怪",奇怪,惊疑。

不胜多，故其为恶之人，身受其报，不妨福祚延及后人①。若作恶多而飨寿富安乐，必其前人之遗泽将竭②，天不爱惜，恣其恶深，使之大坏也。

人能忍事则无争心

人能忍事，易以习熟③，终至于人以非理相加④，不可忍者，亦处之如常。不能忍事，亦易以习熟，终至于睚眦之怨，深不足较者，亦至交詈争讼，期于取胜而后已。不知其所失甚多，人能有定见⑤，不为客气所使⑥，则身心岂不大安宁？

---

① 《太平经》卷39《解师策书诀第五十》："承者为前，负者为后。承者，乃谓先人本承天心而行，小小过失，不自知，用日积久，相聚为多，今后生人，反无辜蒙其过谪，连传被其灾。负者，乃先人负于后生者也。"
② "遗泽"，留下的德泽。
③ "习熟"，习惯。
④ "非理"，不讲道理。
⑤ "定见"，确定的见解或主张。
⑥ "客气"，宋儒以心为性的本体，因以发乎血气的生理之性为客气。《近思录集校集注集评》卷5《省察》："明道先生曰：'义理与客气常相胜，只看消长分数多少，为君子、小人之别。'"集注："叶解：客气者，形气之使然。张传：客气者，私意偏见，愤盈流逸，而不自知也。即义理虽明，而无礼行孙出之养，终是客气未除。茅注，客气者，血气也。以其非心性之本然，故曰客气。江注，如克、伐、怨、欲、骄、吝之类，皆客气也。"

小人当敬远

人之平居①，欲近君子而远小人者，君子之言多长厚端谨②，此言先入于吾心，及吾之临事③，自然出于长厚端谨矣。小人之言多刻薄浮华，此言先入于吾心，及吾之临事，自然出于刻薄浮华矣。且如朝夕闻人尚气好凌人之言④，吾亦将尚气好凌人而不觉矣。朝夕闻人游荡不事绳检之言⑤，吾亦将游荡不事绳检而不觉矣。如此非一端，非大有定力，必不免渐染之患也⑥。

老成之言更事多

老成之人⑦，言有迂阔⑧，而更事为多⑨。后生虽天资聪明，

---

① "平居"，平日，平素。
② "端谨"，正直谨饬。
③ "临事"，处事，遇事。
④ "尚气"，意气用事。
⑤ "绳检"，约束，多指世俗礼法。
⑥ "渐染"，积久成习。《楚辞补注》卷13《七谏章句第十三·沈江》："日渐染而不自知兮。注：稍积为渐，污变为染。秋毫微哉而变容。"
⑦ "老成"，年高有德，泛指有声望。《毛诗注疏》卷18《大雅·荡》："虽无老成人，尚有刑典。"孔疏："今时虽无年老成德之人，若伊陟之类。"
⑧ "迂阔"，不切实情。
⑨ "更事"，经历世事。

而见识终有不及。后生例以老成为迂阔①，凡其身试见效之言，欲以训后生者，后生厌听而毁诋者多矣②。及后生年齿渐长，历事渐多，方悟老成之言可以佩服，然已在险阻艰难备尝之后矣③。

君子有过必思改

圣贤犹不能无过，况人非圣贤，安得[8]每事尽善。人有过失，非其父兄，孰肯诲责④？非其契爱⑤，孰肯谏谕⑥？泛然相识⑦，不过背后窃议之耳。君子惟恐有过，密访人之有言，求谢而思改⑧。小人闻人之有言，则好为强辨⑨，至绝往来⑩，或起争讼者有矣。

---

① "例"，一概。
② "毁诋"，诋毁、诽谤。
③ "备尝"，尝尽，受尽。《春秋左传集解》第7："险阻艰难，备尝之矣；民之情伪，尽知之矣。"
④ "诲责"，训诲督责。
⑤ "契爱"，友好，亲爱。"契"，投合。
⑥ "谏谕"，劝谏晓谕。
⑦ "泛然"，一般，普通。
⑧ "谢"，道歉。
⑨ "强辨"，能言善辩。
⑩ "绝"，断绝。

言语贵简当

言语简寡①，在我可以少悔，在人可以少怨。

小人为恶不必谏

人之出言举事②，能思虑循省③，而不幸有失，则在可谏可议之域④。至于恣其情性【9】，而妄言妄行⑤，或明知其非而故为之者，是人必挟其凶暴强悍以排人之议己。善处乡曲者，如见似此之人，非惟不敢谏诲，亦不敢置于言议之间⑥，所以远悔辱【10】也。尝见人不忍平昔所厚之人有失，而私纳忠言，反为人所怒曰："我与汝至相厚，汝亦谤我耶！"孟子曰："不仁

---

① "简寡"，简略。
② "举事"，行事，办事。《管子校释》卷第20《形势解》："伐矜好专，举事之祸也。"
③ "循省"，省察。
④ "域"，疆界，此处指范围。
⑤ "妄言"，谬说，信口胡说。《管子校释》卷第22《山至数》："不通于轻重，谓之妄言。""妄行"，胡作非为。《管子校释》卷第6《法法》："国无常经则民妄行矣。"
⑥ "言议"，言论。《墨子间诂》卷12《公孟第四十八》："若大人行淫暴于国家，进而谏，则谓之不逊，因左右而献谏，则谓之言议，此君子之所疑惑也。"

者,可与言哉!"①

觉人不善知自警

不善人虽人所共恶,然亦有益于人。大抵见不善人则警惧,不至自为不善②。不见不善人则放肆,或至自为不善而不觉。故家无不善人,则孝友之行不彰;乡无不善人,则诚厚之迹不著。譬如磨石,彼自销损耳,刀斧资之以为利。《老子》云:"不善人乃善人之资。"③谓此尔。若见不善人而与之同恶相济,及与之争为长雄,则有损而已,夫何益?

门户当寒生不肖子

乡曲有不肖子弟,耽酒好色④,博弈游荡,亲近小人,豢

---

① 《孟子正义》卷14《离娄上》:"不仁者可与言哉?安其危而利其菑,乐其所以亡者。不仁而可与言,则何亡国败家之有?"注:"言不仁之人,以其所以为危者反以为安,必以恶见亡,而乐行其恶。如使其能从谏从善,可与言议,则天下何有亡国败家也。"
② "不善",做坏事。
③ 《老子校释·道经》二十七章:"善人,不善人之师;不善人,善人之资。"《道德真经注》:"圣人无心于教,故不爱其资;天下无心于学,故不贵其师。圣人非独吾忘天下,亦能使天下忘我故也。"
④ "耽酒",好饮酒。"耽",沉溺。

养驰逐①，轻于破荡家产，至为乞丐、窃盗者，此其家门厄数如此②，或其父祖稔恶至此③，未闻有因谏诲而改者。虽其至亲，亦当处之无可奈何，不必谪谪④，徒厚其怨⑤。

正己可以正人

勉人为善，谏人为恶，固是美事，先须自省。若我之平昔自不能为人，岂惟人不见听，亦反为人所薄。且如己之立朝可称⑥，乃可诲人以立朝之方；己之临政有效⑦，乃可诲人以临政之术；己之才学为人所尊，乃可诲人以进修之要；己之性行为人所重，乃可诲人以操履之详；己能身致富厚，乃可诲人以治家之法；己能处父母之侧而谐和无间，乃可诲人以至孝之行。苟惟不然，岂不反为所笑。

---

① "豢养"，饲养牲畜。《礼记正义》卷38《乐记第十九》："夫豢豕为酒，非以为祸也。"注："以谷食犬豕曰豢。""驰逐"，赛马。
② "厄"，困苦，危难。
③ "稔恶"，罪恶深重。
④ "谪谪"，喧杂。《庄子集释》卷6下《外篇·至乐第十八》："彼唯人言之恶闻，奚以夫谪谪为乎！"疏："谪，喧聒也。"
⑤ "厚"，重，深。
⑥ "立朝"，在朝为官。
⑦ "临政"，处理政务。《春秋左传集解》第18："夙兴夜寐，朝夕临政，此以知其恤民也。"

浮言不足恤

人有出言至善而或有议之者，人有举事至当而或有非之者。盖众心难一，众口难齐。如此，君子之出言举事，苟揆之吾心①，稽之古训②，询之贤者，于理无碍，则纷纷之言皆不足恤③，亦不必辨。自古圣贤、当代宰辅、一时守令皆不能免④，况居乡曲，同为编氓⑤，尤其所无畏，或轻议己，亦何怪焉？大抵指是为非，必妒忌之人，及素有仇怨者，此曹何足以定公论⑥，正当勿恤勿辩也。

谀巽之言多奸诈

人有善诵我之美⑦，使我喜闻而不觉其谀者，小人之最奸

---

① "揆"，度。
② "稽"，考。
③ "纷纷之言"，指杂乱之言。
④ "守令"，郡守、县令等地方官的通称。
⑤ "编氓"，泛指普通百姓。
⑥ "曹"，辈。"公论"，公正或公众的言论。
⑦ "诵"，述说。

黠者也①。彼其面谀我而我喜②，及其退与他人语，未必不窃笑我为他所愚也③。人有善揣人意之所向，先发其端④，导而迎之，使人喜其言与己暗合者⑤，亦小人之最奸黠者也。彼其揣我意而果合，及其退与他人语，又未必不窃笑我为他所料也。此虽大贤，亦甘受其侮而不悟，奈何！

凡事不为已甚

人有詈人而人不答者，人必有所容也，不可以为人之畏我而更求以辱之。为之不已⑥，人或起而我应，恐口噤而不能出言矣⑦。人有讼人而人不校者⑧，人必有所处也，不可以为人之畏我而更求以攻之。为之不已，人或出而我辨，恐理亏而

---

① "奸黠"，奸猾。
② "面谀"，当面奉承。
③ "愚"，误。
④ "端"，犹始。
⑤ "暗合"，没有经过商量而意思契合。
⑥ "不已"，不停止，连续不断。《毛诗注疏》卷19《周颂·维天之命》："维天之命，于穆不已。"
⑦ "口噤"，闭口不言。
⑧ "不校"，不计较。《四书章句集注·论语集注》卷4《泰伯第八》："曾子曰：'以能问于不能，以多问于寡；有若无，实若虚，犯而不校，昔者吾友尝从事于斯矣。'"注："校，计校也。"

不能逃罪矣①。

言语虑后则少怨尤

亲戚故旧，人情厚密之时②，不可尽以密私之事语之，恐一旦失欢，则前日所言，皆他人所凭以为争讼之资③。至有失欢之时，不可尽以切实之语加之④，恐忿气既平之后⑤，或与之通好结亲⑥，则前言可愧。大抵忿怒之际，最不可指其隐讳之事，而暴其父祖之恶。吾之一时怒气所激，必欲指其切实而言之，不知彼之怨恨深入骨髓。古人谓"伤人之言，深于矛戟"是也⑦。俗亦谓"打人莫打膝⑧，道人莫道实"。

---

① "逃罪"，逃避罪责。
② "厚密"，深厚密切。
③ "凭"，依靠，依据。
④ "切实"，实实在在的。
⑤ "忿气"，怒气。
⑥ "通好"，往来交好。
⑦ 《荀子集解》卷2《荣辱篇第四》："故与人善言，暖于布帛；伤人之言，深于矛戟。"集解："（王念孙）谓以言伤人，较之以矛戟伤人者为更深也。"
⑧ "打人莫打膝"，膝关节连接着人体最大的骨头和最强的肌肉，是人体的承重关节，也是人体最易损伤的关节之一。

与人言语贵和颜

亲戚故旧，因言语而失欢者，未必其言语之伤人，多是颜色辞气暴厉，能激人之怒。且如谏人之短①，语虽切直②，而能温颜下气③，纵不见听，亦未必怒。若平常言语无伤人处，而词色俱厉④，纵不见怒，亦须怀疑。古人谓"怒于室者色于市"⑤，方其有怒，与他人言必不卑逊⑥。他人不知所自，安得不怪？故盛怒之际与人言话，尤当自警。前辈有言："诫酒后语，忌食时嗔⑦。忍难耐事，顺自强人。"⑧常能持此，最得便宜。

---

① "短"，缺陷，不足。《荀子集解》卷19《大略篇第二十七》："劫迫于暴国而无所辟之，则崇其善，扬其美，言其所长而不称其所短也。"
② "切直"，恳切率直。
③ "温颜"，面色温和。
④ "厉"，严肃，严厉。
⑤ 《春秋左传集解》第24："谚所谓'室于怒，市于色者'，楚之谓矣。"《战国策》卷27《韩二·齐令周最使郑》："齐令周最使郑，立韩扰而废公叔。周最患之，曰：'公叔之与周君交也，令我使郑，立韩扰而废公叔。语曰：怒于室者色于市。今公叔怨齐，无奈何也，必周君而深怨我矣。'史舍曰：'公行矣，请令公叔必重公。'"
⑥ "卑逊"，谦虚恭谨。
⑦ "嗔"，生气。《三元参赞延寿书》卷2《忿怒》："《书》云：当食暴嗔，令人神惊，夜梦飞扬。"《闲情偶寄·颐养部·调饮啜》第三《怒时哀时勿食》："喜怒哀乐之始发，均非进食之时。然在喜乐犹可，在哀怒则必不可。怒时食物易下而难消，哀时食物难消亦难下，俱亦暂过一时，候其势之稍杀。饮食无论迟早，总以入肠消化之时为度。早食而不消，不若迟食而即消。不消即为患，消则可免一餐之忧矣。"《退庵随笔》卷12《摄生》："《达生录》云：怒后不可便食，食后不可发怒。"
⑧ 《雅尚斋遵生八笺》卷2《清修妙论笺下卷》："戒酒后语，忌食时嗔，忍难忍事，顺不明人。口腹不节，致病之由；念虑不正，杀身之本。"

老人当敬重

高年之人，乡曲所当敬者，以其近于亲也。然乡曲有年高而德薄者，谓刑罚不加于己①，轻詈辱人②，不知愧耻③，君子所当优容而不较也。

与人交游贵和易

与人交游，无问高下，须常和易④，不可妄自尊大，修饰边幅。若言行崖异⑤，则人岂复相近⑥？然又不可太亵狎⑦，樽酒会

---

① 《礼记正义》卷2《曲礼上》："八十、九十曰耄，七年曰悼。悼与耄，虽有罪，不加刑焉。"《周礼注疏》卷34《秋官》："一赦曰幼弱，二赦曰老耄。"《宋刑统校证》卷4《名例律》二《老幼疾及妇人犯罪》："诸年柒拾以上、拾伍以下及废疾，犯流罪以下，收赎；捌拾以上、拾岁以下及笃疾，犯反、逆、杀人应死者，上请；盗及伤人者，亦收赎；余皆勿论。玖拾以上、柒岁以下，虽有死罪不加刑；即有人教令，坐其教令者。若有赃应备，受赃者备之。"
② "詈辱"，詈骂侮辱。
③ "愧耻"，羞耻。《尚书集传》卷3《商书·说命下》："其心愧耻，若挞于市。"
④ "和易"，平易谦和。《礼记正义·学记》："和易以思，可谓善喻矣。"
⑤ "崖异"，标异于众，乖异。《庄子集释》卷5上《外篇·天地第十二》："行不崖异之谓宽。"疏："夫韬光晦迹，而混俗扬波，若树德不异于人，立行岂殊于物！而心无崖际，若万顷之波，林薮苍生，可谓宽容矣。"
⑥ "相近"，接近。
⑦ "亵狎"，指轻浮不庄重。

聚之际①，固当歌笑尽欢，恐嘲讥中触人讳忌②，则忿争兴焉。

才行高人自服

行高人自重③，不必其貌之高；才高人自服，不必其言之高。

小人作恶必天诛

居乡曲间，或有贵显之家，以州县观望而凌人者④；又有高资之家⑤，以贿赂公行而凌人者⑥。方其得势之时，州县不能谁何⑦，鬼神犹或避之，况贫穷之人，岂可与之较？屋宅、坟墓之所邻，山林、田园之所接，必横加残害⑧，使归于己而后已。衣食所资，器用之微，凡可其意者，必夺而有之。如此之人，惟

---

① "樽酒"，杯酒。此处泛指饮酒。
② "嘲讥"，嘲笑讥讽。
③ "行高"，品行高洁。
④ "观望"，怀着犹豫不定的心态观看事情发展。
⑤ "高资"，资产丰厚。
⑥ "公行"，公然进行。《春秋左传集解》第19："盗贼公行，而天疠不戒。"
⑦ "谁何"，盘诘查问。
⑧ "横加"，蛮不讲理，强行施加。

当逊而避之①。逮其稔恶之深②，天诛之加，则其家之子孙，自能为其父祖破坏，以与乡人复仇也。

乡曲更有健讼之人③，把持短长，妄有论讼，以致追扰，州县不敢治其罪。又有恃其父兄子弟之众，结集凶恶，强夺人所有之物，不称意则群聚殴打，又复贿赂州县，多不竟其罪④。如此之人，亦不必求以穷治⑤，逮其稔恶之深，天诛之加，则无故而自罹于宪网⑥，有计谋所不及救者。大抵作恶而幸免于罪者，必于他时无故而受其报。所谓"天网恢恢，疏而不漏"也⑦。

君子小人有二等

乡曲士夫，有挟术以待人，近之不可，远之则难者，所谓

---

① "逊"，避，让。
② "稔恶"，罪恶深重。
③ "健讼"，好打官司。
④ "竟"，完毕，终了。
⑤ "穷治"，彻底查办。
⑥ "宪网"，法网。
⑦ 《老子校释·德经》七十三章："天网恢恢，疏而不失。"司马光注曰："恢恢，大貌。"（汉）河上公注曰："天之罗网恢恢甚大，虽则疏远，若司察人善恶，无所失也。"苏辙注曰："世以耳目观天，见其一曲而不覩其大全。有以善而得祸，恶而得福者，未有不疑天网之疏而多失者。惟能要其终始，而尽其变化，然后知其恢恢广大，虽疏而不失也。"

君子中之小人，不可不防，虑其信义有失，为我之累也①。农、工、商、贾、仆隶之流，有天资忠厚可任以事，可委以财者，所谓小人中之君子，不可不知，宜稍抚之以恩②，不复虑其诈欺也。

居官居家本一理

士大夫居家能思居官之时，则不至干请把持而挠时政③；居官能思居家之时，则不至很愎暴恣而贻人怨④。不能回思者皆是也，故见任官每每称寄居官之可恶⑤，寄居官亦多谈见任官之不韪⑥，并与其善者而掩之也。

小人难责以忠信

忠、信二事，君子不守者少，小人不守者多。且如小人以

---

① "累"，带累，牵累。
② "抚"，抚慰，安抚。
③ "干请"，请托。"挠"，干扰。
④ "很愎"，犹刚愎。"很"同"狠"。"暴恣"，强横放纵。
⑤ "寄居官"，《朝野类要》卷2《称谓·寄居官》："又名私居官。不以客居及本贯土著，皆谓之私居、寄居。其义盖有官者，本朝廷仕宦也。"
⑥ "不韪"，不是。

物市于人①，弊恶之物饰为新奇②，假伪之物饰为真实。如绢帛之用胶糊，米麦之增湿润，肉食[11]之灌以水，药材之易以他物。巧其言词，止于求售，误人食用，有不恤也。其不忠也类如此。负人财物，久而不偿，人苟索之，期以一月③，如期索之，不售④。又期以一月，如期索之，又不售。至于十数期而不售如初。工匠制器，要其定资，责其所制之器，期以一月，如期索之，不得。又期以一月，如期索之，又不得。至于十数期而不得如初。其不信也类如此，其他不可悉数。小人朝夕行之，略不知怪。为君子者往往忿懥⑤，直欲深治之，至于殴打论讼⑥。若君子自省其身，不为不忠不信之事，而怜小人之无知。及其间有不得已而为自便之计至于如此，可以少置之度外也。

---

① "市"，交易。
② "弊恶"，破旧。
③ "期"，约。
④ "不售"，此处指不能兑现、实现。
⑤ "忿懥"，发怒。《礼记正义》卷60《大学》："身有所忿懥，不得其正。"注："懥，怒貌也。"
⑥ "殴打"，即"殴打"，照底本整理，下同，不另出注释。

戒货假药

张安国舍人知抚州日①，闻【12】有卖假药者，出榜戒约曰②："陶隐居、孙真人因《本草》《千金方》济物利生③，多积阴德，名在列仙。自此以来，行医货药，诚心救人，获福报者甚众。不论方册所载④，只如近时，此验尤多⑤。有只卖一真药便家赀巨万，或自身安荣，享高寿，或子孙及第，改换门户⑥，如影随形，无有差错。又曾眼见货卖假药者，其初积得些小家业⑦，自

---

① "张安国舍人"，指张孝祥（1132—1169），字安国，号于湖居士，生于明州鄞县（今浙江宁波）。南宋著名词人、书法家。据史料记载，张孝祥曾任起居舍人、中书舍人。绍兴三十二年（1162）闰二月己巳，集英殿修撰张孝祥知抚州（《建炎以来系年要录》卷198），隆兴元年（1163）离任。见李之亮《宋两江郡守易替考》，第490页。抚州，今江西抚州。南宋建炎四年（1130），隶江南东路。绍兴四年（1134），改隶江南西路。
② "戒约"，告诫约束。
③ "陶隐居"，指陶弘景（456—536），南朝梁丹阳秣陵（今江苏南京）人，号华阳隐居。著名医药家、道教思想家，人称"山中宰相"。著有《本草经注》《真灵位业图》等。"孙真人"，指唐代医药学家孙思邈（581—682），京兆华原（今陕西铜川市耀州区）人，著有《千金方》等，后人尊称"药王"。
④ "方册"，典籍。《演繁露》卷7《方册》："方册云者，书之于版，亦或书之竹简也。通版为方，联简为册。"
⑤ "验"，应验。
⑥ "门户"，门第。
⑦ "些小"，少许。

谓得计①，不知冥冥之中，自家合得禄料都被减克②，或自身多有横祸，或子孙非理破荡③，致有遭天火、被雷震者。盖缘赎药之人，多是疾病急切，将钱告求卖药之家。孝子顺孙，只望一服见效，却被假药误赚④，非惟无益，反致损伤。寻常误杀一飞禽走兽犹有因果，况万物之中，人命最重，无辜被祸，其痛何穷！词多，更不尽载。"⑤舍人此言，岂止为假药者言之，有识之人，自宜触类⑥。

言貌重则有威⑦

市井街巷，茶坊酒肆，皆小人杂处之地。吾辈或有经由⑧，须当严重其辞貌⑨，则远轻侮之患⑩。或有狂醉之人【13】，宜即回

---

① "得计"，计策得当。
② "禄料"，唐宋时官吏除岁禄、月俸外的一种食料津贴，多折钱发给。此处指福禄。
③ "非理"，不合常理。《管子校释》卷第21《版法解》："怨咎所生，生于非理。"
④ "赚"，诓骗。
⑤ 张孝祥戒约榜文见于《于湖居士文集》卷40《禁榜》。
⑥ "触类"，接触相类事物。《抱朴子内篇校释·祛惑卷二十》："虽圣虽明，莫由自晓。非可以历思得也，非可也触类求也。"
⑦ 李元春评阅曰：此亦自安之术。
⑧ "经由"，经过。
⑨ "严重"，严肃庄重。
⑩ "轻侮"，轻慢，欺侮。《管子校释》卷第5《重令》："兵虽强，不轻侮诸侯，动众用兵必为天下政理，此正天下之本而霸王之主也。"

避，不必与之较可也。

衣服不可侈异

衣服、举止异众，不可游于市，必为小人所侮。

居乡曲务平淡

居于乡曲，舆马、衣服不可鲜华①。盖乡曲亲故居贫者多②，在我者揭然异众，贫者羞涩，必不敢相近，我亦何安之有。此说不可与口尚乳臭者言③。

妇女衣饰务洁静【14】

妇女衣饰，惟务洁静，尤不可异众。且如十数人同处，而

---

① "鲜华"，鲜艳华丽。
② "亲故"，亲戚故旧。"居"，处于某种地位或状态。
③ "口尚乳臭者"，指幼稚之人。《汉书》卷1上《高祖纪第一上》："食其还，汉王问：'魏大将谁也？'对曰：'柏直。'王曰：'是口尚乳臭，不能当韩信。'"师古曰："乳臭，言其幼少。"

一人之衣饰独异,众所指目①,其行坐能自安否②?

礼者【15】制欲之大闲

饮食,人之所欲而不可无也,非理求之,则为饕为馋③;男女,人之所欲而不可无也,非理狎之,则为奸为滥【16】;财物,人之所欲而不可无也,非理得之,则为盗为赃【17】。人惟纵欲,则争端启而狱讼兴。圣王虑其如此,故制为礼以节人之饮食、男女④,制为义以限人之取与⑤。君子于是三者,虽知可欲而不敢【18】轻形于言,况敢妄萌于心。小人反是。

---

① "指目",手指而目视之。
② "自安",自安其心。《荀子集解》卷7《王霸篇第十一》:"故人主,天下之利埶也,然而不能自安也,安之者必将道也。"
③ "饕",恶兽名,钟鼎彝器多琢其形以为饰。后指贪婪,贪财,贪食。《吕氏春秋校释》卷16《先识览第四》:"周鼎著饕餮,有首无身,食人未咽,害及其身,以言报更也。"
④ 《礼记正义》卷22《礼运》:"饮食男女,人之大欲存焉。"
⑤ 《四书章句集注·论语集注》卷4《述而第七》:"子曰:'富而可求也,虽执鞭之士,吾亦为之。如不可求,从吾所好。'""子曰:'饭疏食饮水,曲肱而枕之,乐亦在其中矣。不义而富且贵,于我如浮云。'"

见得思义则无过

圣人云："不见可欲，使心不乱。"① 此最省事之要术。盖人见美食而必咽②，见美色而必凝视，见钱财而必起欲得之心，苟非有定力者，皆不免此。惟能杜其端源，见之而不顾，则无妄想。无妄想，则无过举矣③。

人为情惑则忘返④

子弟有耽于情欲，迷而忘返，至于破家而不悔者。盖始于试为之，由其中无所见，不能识破，则遂至于不可回。

子弟当谨交游

世人有虑子弟血气未定，而酒色、博弈之事得以昏乱其

---

① 《老子校释·道经》三章："不上贤，使民不争；不贵难得之货，使民不盗；不见可欲，使心不乱。"
② "咽"，吞下。
③ "过举"，错误的行为。
④ 李元春评阅曰：亦禁之于早。

心，寻至于失德破家①，则拘之于家，严其出入，绝其交游，致其无所闻见②，朴野蠢鄙③，不近人情。殊不知此非良策。禁防一弛，情窦顿开【19】，如火燎原，不可扑灭。况拘之于家，无所用心，却密为不肖之事，与出外何异？不若时其出入，谨其交游，虽不肖之事，习闻既熟④，自能识破，必知愧而不为。纵试为之，亦不至于朴野蠢鄙，全为小人之所摇荡也。

家成于忧惧破于怠忽

起家之人⑤，生财富庶，乃日夜忧惧，虑不免于饥寒。破家之子，生事日消，乃轩昂自恣⑥，谓不复可虑。所谓"吉人凶其吉，凶人吉其凶"⑦，此其效验常见于已壮未老，已老未死之前。识者当自默喻⑧。

---

① "失德"，过错，罪过。《毛诗注疏》卷9《小雅·伐木》："民之失德，干糇以愆。"
② "闻见"，所闻所见，知识。《荀子集解》卷3《非十二子篇第六》："略法先王而不知其统，犹然而材剧志大，闻见杂博。"
③ "朴野"，朴质无华。此处泛指没有文化。《管子校释》卷第8《小匡》："是故农之子常为农，朴野而不慝。"
④ "习闻"，常闻。
⑤ "起家"，创业。
⑥ "轩昂"，倨傲。
⑦ 《法言义疏》9《问明卷第六》："吉人凶其吉。注：居安思危，存不忘亡凶人吉其凶。注：以小恶为无伤而不去也，恶积而罪彰，灭身之凶至也。"
⑧ "默喻"，暗中知晓。

兴废有定理

　　起家之人，见所作事无不如意，以为智术巧妙如此[①]。不知其命分偶然，志气洋洋，贪多【20】图得。又自以为独能久远，不可破坏，岂不为造物者所窃笑。盖其破坏之人或已生于其家，曰子，曰孙，朝夕环立【21】于其侧者，皆他日为父祖破坏生事之人，恨其父祖目不及见耳。前辈有建第宅，宴工匠于东庑，曰："此造宅之人。"宴子弟于西庑，曰："此卖宅之人。"后果如其言[②]。近世士大夫有言："目所可见者，谩尔经营[③]；目所不及见者，不须置之谋虑。"此有识君子知非人力所及，其胸中宽泰[④]，与蔽迷之人如何。

[①] "智术"，才智与计谋。
[②] 此事见于北宋武将郭进（922—979）。《梦溪笔谈校证》卷9《人事》："郭进有材略，累有战功。尝刺邢州，今邢州城乃进所筑。其厚六丈，至今坚完。铠杖精巧，以至封贮亦有法度。进于城北治第既成，聚族人宾客落之，下至土木之工皆与，乃设诸工之席于东庑，群子之席于西庑。人或曰：'诸子安可与工徒齿？'进指诸工曰：'此造宅者。'指诸子曰：'此卖宅者，固宜坐造宅者下也。'进死未几，果为他人所有。今资政殿学士陈彦升宅，乃进旧第东南一隅也。"
[③] "谩尔"，随意。
[④] "宽泰"，宽舒安泰。

用度宜量入为出

起家之人易于增进成立者，盖服食、器用及吉凶百费，规模浅狭①，尚循其旧，故日入之数多于已出【22】，此所以常有余。富家之子易于倾覆破荡者，盖服食、器用及吉凶百费规模广大，尚循其旧。又分其财产立数门户，则费用增倍于前日。子弟有能省悟，远谋【23】损节，犹虑不及，况有不之悟者，何以支梧②？古人谓："由俭入奢易，由奢入俭难。"③盖谓此尔。大贵人之家，尤难于保成，方其致位通显，虽在闲冷④，其俸给亦厚⑤，其馈遗亦多⑥，其使令之人满前⑦，皆州郡廪给⑧。其服食、器用虽极于华侈，而其费不出于家财。逮其身后，无前日之俸给、馈遗、使令之人，其日用百费，非出家财不可。况又析一家为数家，而用度仍旧，岂不至于破荡。此亦势使之然，为子弟者，各宜量节。

---

① "浅狭"，狭窄。
② "支梧"，勉强应付。
③ 《司马光集》卷69《训俭示康》："顾人之常情，由俭入奢易，由奢入俭难。"
④ "闲冷"，清闲冷落的官职。
⑤ "俸给"，俸禄。
⑥ "馈遗"，赠送财物。
⑦ "使令之人"，供使唤的人，泛指婢仆。
⑧ "廪给"，发俸禄。

起家守成宜为悠久计

人之居世，有不思父祖起家艰难，思与之延其祭祀；又不思子孙无所凭藉，则无以脱于饥寒。多生男女，视如路人，耽于酒色、博弈、游荡，破败[24]家产，以取一时[25]之快，此皆家门不幸。如此，冒干刑宪，彼亦不恤，岂教诲、劝谕、责骂之所能回，置之无可奈何而已。

节用有常理

人有财物，虑为人所窃，则必缄縢扃鐍①，封识之甚严②。虑费用之无度而致耗散，则必算计较量，支用之甚节。然有甚严而有失者，盖百日之严，无一日之疏，则无失；百日严而一日不严，则一日之失与百日不严同也。有甚节而终至于匮乏者，盖百事节而无一事之费，则不至于匮乏。百事节而一事不

---

① 《庄子集释》卷4中《外篇·胠箧第十》："将为胠箧探囊发匮之盗而为守备，则必摄缄縢，固扃鐍，此世俗之所谓知也。"疏："缄，结；縢，绳也。扃，关纽也；鐍，锁钥也。夫将为开箱探囊之窃，发匮取财之盗，此盖小贼，非巨盗者也。欲为守备，其法如何？必须收摄箱囊，缄结绳约，坚固扃鐍，使不慢藏。此世俗之浅知也。"

② "封识"，封缄并加标记。

节，则一事之费与百事不节同也。所谓百事者，自饮食、衣服、屋宅、园馆、舆马、仆御、器用、玩好，盖非一端。丰俭随其财力，则不谓之费。不量财力而为之，或虽财力可办而过于侈靡①，近于不急，皆妄费也。年少主家事者宜深知之。

事贵预谋后则时失【26】

中产之家，凡事不可不早虑。有男而为之营生②，教之生业③，皆早虑也。至于养女，亦当早为储蓄衣衾、妆奁之具④。及至遣嫁，乃不费力。若置而不问，但称临时，此有何术，不过临时鬻田庐，及不恤女子之羞见人也。至于家有老人，而送终之具不为素办⑤，亦称临时，亦无他术，亦是临时鬻田庐，及不恤后事之不如仪也。今人有生一女而种杉万根者，待女长则鬻杉以为嫁资，此其女必不至失时也。有于少壮之年置寿衣、

---

① "侈靡"，生活奢侈糜烂。
② "营生"，营谋生计，经营财富。
③ "生业"，职业，产业。
④ "妆奁"，女子梳妆所用镜匣之类，后指嫁妆。
⑤ "送终"，父母丧葬之事。《孟子正义》卷16《离娄下》："养生者不足以当大事，惟送死可以当大事。""素办"，预先准备。

寿器①、寿茔【27】者，此其人必不至三日五日无衣无棺可敛，三年五年无地可葬也。

居官居家本一理

居官当如居家，必有顾藉【28】；居家当如居官，必有纲纪②。

子弟当习儒业

士大夫之子弟，苟无世禄可守③，无常产可依④，而欲为仰事俯育之计⑤【29】，莫如为儒。其才质之美，能习进士业者，上可以取科第，致富贵，次可以开门教授，以受束修之奉⑥。其

---

① "寿器"，指棺材。《后汉书》卷10下《孝崇匽皇后纪》："在位三年，元嘉二年崩。以帝弟平原王石为丧主，敛以东园画梓寿器、玉匣、饭含之具"。注："称寿器者，欲其久长也，犹如寿堂、寿宫、寿陵之类也。"
② "纲纪"，法度，纲常。
③ "世禄"，世代享有禄位。《尚书易解》卷3："世禄之家，鲜克有礼。"
④ "常产"，即恒产，指固定的产业。
⑤ "仰事俯育"，上要侍奉父母，下要养育妻儿，泛指维持一家生活。《渭南文集》卷25《戊申严州劝农文》："春耕夏耘，仰事俯育。"
⑥ "束修"，十条干肉。后借指送给老师的报酬。

不能习进士业者，上可以事笔札①，代笺简之役②，次可以习点读③，为童蒙之师。如不能为儒，则巫医、僧道【30】、农圃、商贾、伎术，凡可以养生而不至于辱先者皆可为也④。子弟之流荡，至于为乞丐、盗窃，此最辱先之甚！然世之不能为儒者，乃不肯为巫医、僧道、农圃、商贾、伎术等事，而甘心为乞丐、盗窃者，深可诛也！凡强颜于贵人之前⑤，而求其所谓应副⑥；折腰于富人之前，而托名于假贷⑦；游食于寺观，而人指为"穿云子"，皆乞丐之流也。居官而掩蔽众目，盗财入己；居乡而欺凌愚弱，夺其所有；私贩官中所禁茶、盐、酒酤之属，皆窃盗之流也。世人有为之而不自愧者，何哉！

荒怠淫逸之患

凡人生而无业，及有业而喜于安逸，不肯尽力者，家富则习为下流，家贫则必为乞丐。凡人生而饮酒无算，食肉无度，

---

① "笔札"，毛笔和简牍，此处指从事文牍工作。
② "笺简"，指书信。
③ "点读"，点画句读。
④ "辱先"，玷辱先人。
⑤ "强颜"，指厚颜，不知羞耻。
⑥ "应副"，照顾，供应。
⑦ "假贷"，借贷。

好淫滥①，习博弈者，家富则致于破荡，家贫则必为盗窃。

周急贵乎当理

人有患难不能济，困苦无所诉，贫乏不自存，而其人朴讷怀愧②，不能自言于人者，吾虽无余，亦当随力周助，此人纵不能报，亦必知恩。若其人本非窘乏，而以作谒为业，挟挥喤佞之术③【31】，遍谒贵人、富人之门，过州干州，过县干县，有所得则以为己能，无所得则以为怨雠。在今日则无感恩之心，在他日则无报德之事。正可以不恤不顾待之，岂可割吾之不敢用，以资他之不当用。

不可轻受人恩

居乡及在旅，不可轻受人之恩。方吾未达之时④，受人之恩，常在吾怀，每见其人，常怀敬畏。而其人亦以有恩在我，

---

① "淫滥"，淫乱，放荡。
② "朴讷"，质朴不善言辞。
③ "喤"（jīng），胡言乱语。
④ "达"，显达。

常有德色①。及吾荣达之后②，遍报则有所不及，不报则为亏义③。故虽一饭一缣④，亦不可轻受。前辈见人仕宦而广求知己，戒之曰："受恩多则难以立朝。"宜详味此⑤。

受人恩惠当记省

今人受人恩惠，多不记省⑥，而有所惠于人，虽微物亦历历在心。古人言："施人勿念，受施勿忘。"⑦诚为难事。

人情厚薄勿深较

人有居贫困时不为乡人所顾⑧，及其荣达，则视乡人如仇

---

① "德色"，自以为有恩于人而形于颜色。
② "荣达"，位高显达。
③ "亏义"，亏损正义。《礼记正义》卷59《儒行》："委之以货财，淹之以乐好，见利不亏义。"
④ "缣"，双丝织就的微带黄色的细绢，汉代以后，多用作赏赠酬谢之物。《史记》卷92《淮阴侯列传》记载韩信少时家贫，受食与漂母，及其贤达之后，投千金以为报答。
⑤ "详味"，仔细推究。
⑥ "记省"，记心。
⑦ 东汉崔瑗《座右铭》："施人慎勿念，受施慎勿忘。"
⑧ "顾"，照管。

雠。殊不知乡人不厚于我①，我以为憾；我不厚于乡人，乡人他日亦独不记耶？但于其平时薄我者，勿与之厚，亦不必致怨。若其平时不与吾相识，苟我可以济助之者，亦不可不为也。

报怨以直乃公心

圣人言"以直报怨"②，最是中道③，可以通行。大抵以怨报怨，固不足道，而士大夫欲邀长厚之名者④，或因宿仇纵奸邪而不治⑤，皆矫饰不近人情。圣人之所谓直者，其人贤，不以仇而废之；其人不肖，不以仇而庇之。是非去取，各当其实。以此报怨，必不至递相酬复无已时也。

---

① "厚"，厚待。
② 《四书章句集注·论语集注》卷7《宪问第十四》："或曰：'以德报怨，何如？'子曰：'何以报德？以直报怨，以德报德。'"注："于其所怨者，爱憎取舍，一以至公而无私，所谓直也。于其所德者，则必以德报之，不可忘也。"
③ "中道"，无过无不及，中庸之道。
④ "邀"，希求，谋取。
⑤ "宿仇"，积怨已久的仇恨。"不治"，不追究，不治理。

讼不可长

居乡不得已而后与人争,又大不得已而后与人讼。彼稍服其不然则已之,不必费用财物,交结胥吏,求以快意穷治其仇①。至于争讼财产,本无理而强求得理,官吏贪缪②,或可如志③,宁不有愧于神明。仇者不伏,更相诉讼,所费财物十数倍于其所直。况遇贤明有司,安得以无理为有理耶?大抵人之所讼互有短长,各言其长而掩其短,有司不明则牵连不决④,或决而不尽其情,胥吏得以受赇而弄法⑤,蔽者之所以破家也⑥。

---

① "快意",恣意所欲。
② "贪缪","缪"通"谬",贪婪悖谬。
③ "如志",实现心愿。
④ "牵连",拖延。"决",判决。
⑤ "赇"(qiú),贿赂。"弄法",玩弄法律。《史记》卷129《货殖列传》:"吏士舞文弄法,刻章伪书,不避刀锯之诛者,没于赇遗也。"
⑥ "蔽者",见识短浅之人,鄙陋之人。

暴吏害民必天诛

官有贪暴①，吏有横刻②。贤豪之人不忍乡曲众被其恶③，故出力而讼之。然贪暴之官，必有所恃，或以其有亲党在要路④，或以其为州郡所深喜，故常难动摇。横刻之吏，亦有所恃，或以其为见任官之所喜，或以其结州曹吏之有素⑤，故常无忌惮。及至人户有所诉，则官求势要之书以请托，吏以官库之钱而行赂，毁去簿历，改易案牍。人户虽健讼，亦未便轻胜。兼论诉官吏之人，又只欲劫持官府，使之独畏己，初无为众除害之心。常见论诉州县官吏之人，恃为官吏所畏，拖延税赋不纳，人户有折变⑥，己独不受折变；人户有科敷⑦，己独不伏科敷。睨立庭下，抗对长官；端坐司房⑧，骂辱【32】胥辈；冒占官

---

① "贪暴"，贪婪暴虐。《墨子间诂》卷1《所染第三》："举天下之贪暴苛扰者，必称此六君也。"
② "横刻"，横暴刻薄。
③ "贤豪"，贤明豪迈。
④ "亲党"，亲信党羽。"要路"，喻显要的地位。
⑤ "曹吏"，属吏，胥吏。"有素"，久已熟悉。
⑥ "折变"，《宋史》卷174《食货志上二·赋税》："其入有常物，而一时所须，则变而取之，使其直轻重相当，谓之'折变'。"
⑦ "科敷"，又称科配、科率。指无固定时间、品种和数额的临时性赋税，或泛指摊派杂税（《中国历史大辞典·宋史卷》，第347页）。
⑧ "司房"，州县衙门负责记录口供管理案卷的部门，此处泛指官署。

产，不肯输租；欺凌善弱，强欲断治①；请托公事，必欲以曲为直，或与胥吏通同为奸，把持官员，使之听其所为，以残害乡民。凡如此之官吏，如此之奸民，假以岁月，纵免人祸，必自为天所诛也！

民俗淳顽当求其实

士大夫相见，往往多言某县民淳，某县民顽②。及询其所以然，乃谓见任官赃污狼藉，乡民吞声饮气而不敢言，则为淳。乡人列其恶而诉之州郡、监司，则为顽。此其得顽之名，岂不枉哉！

今人多指奉化县为顽③，问之奉化人，则曰："所讼之官皆有入己赃④，何谓奉化为顽？"如黄岩等处人言皆然⑤。此正圣人所谓"斯民也，三代之所以直道而行也"⑥，何顽之有？今具

---

① "断治"，判决处置。
② "顽"，刁滑，不驯服。
③ "奉化县"，今浙江宁波奉化市。宋代属于两浙路明州（宋光宗绍熙五年［1194］，升为庆元府）。
④ "入己赃"，贪污，受贿。
⑤ "黄岩"，今浙江台州黄岩区。宋代属于两浙路台州（今浙江临海）。
⑥ 《四书章句集注·论语集注》卷8《卫灵公第十五》："子曰：'吾之于人也，谁毁谁誉？如有所誉者，其有所试矣。斯民也，三代之所以直道而行也。'"注："斯民者，今此之人也。三代，夏、商、周也。直道，无私曲也。言吾之所以无所毁誉者，盖以此民，即三代之时所以善其善、恶其恶而无所私曲之民。故我今亦不得而枉其是非之实也。"

其所以为顽之目：应纳税赋而不纳，及应供科配而不供，则为顽。若官中因事广科，从而隐瞒，其民户不肯供纳，则不为顽。官吏断事出于至公，又合法意，乃任私忿，求以翻异①，则为顽。官吏受财，断直为曲，事有冤抑②，次第陈诉，则不为顽。官员清正，断事自己，豪横之民无所行赂，无所措谋，则与胥吏表里，撰合语言，妆点事务，妄兴论诉，则为顽。若官员与吏为徒，百般诡计掩人耳目，受接贿赂，偷盗官钱，人户有能出力为众论诉，则不为顽。

官有科付之弊③

县道有非理横科及预借官物者④，必相率而次第陈讼。盖两税自有常额，足以充上供州用县用⑤。役钱亦有常额，足以供解发⑥、支雇。县官正己以率下，则民间无隐负不输，官中无侵盗妄用，未敢以为有余，亦何不足之有？惟作县之人不自检己，

---

① "翻异"，翻案。
② "冤抑"，冤屈。
③ "科付"，即"科赋"，照底本整理，下同，不另出注释。
④ "横科"，滥征捐税。"预借"，宋代加税之一。指官府预先向百姓借支各种赋税。
⑤ "上供"，宋代各路州军以赋税、榷卖等收入按规定项目、数额上缴朝廷，谓之上供。初时无定制，后立定额，并且数额越来越大（《中国历史大辞典·宋史卷》，第16页）。
⑥ "解发"，发送。

吃者、着者、日用者，般挈往来，送遗结托①，置造器用，储蓄囊箧，及其他百色之须，取给于手分②、乡司③。为手分、乡司者，岂有将己财而奉县官，不过就簿历之中恣为欺弊，或揽人户税物而不纳，或将到库之钱而他用，或伪作过军、过客口券[33]，旁及修葺廨舍，而公求支破④，或阳为解发而中途截拨⑤，其弊百端，不可悉举。县官既素受其污唊，往往知而不问。况又有懵然不晓财赋之利病，及晓之者又与之通同作弊。一年之间，虽至小邑，亏失数千缗，殆不觉也。于是有横科预借之患，及有拖欠州郡之数。及将任满，请托关节以求脱去，而州郡遂将积欠勒令后政补偿。夫前政以一年财赋不足一年支解，为后政者岂能以一年财赋补足数年财赋？故于前政预借钱物多不认理，或别设巧计，阴夺民财以求补足旧欠，其祸可胜言哉！

大凡居官莅事，不可不仔细，猾吏奸民尤当深察。若轻信吏人，则彼受乡民遗赂⑥，百端撰造⑦，以曲为直，从而断决，

---

① "结托"，互相勾结干坏事。
② "手分"，又称"守分"。宋吏人之一。分前行、后行，分掌州县衙门各种事务，具体职务随分掌之事而定。地位在押司之下，贴司之上（《中国历史大辞典·宋史卷》，第61页）。
③ "乡司"，宋县役之一，本为乡书手，隶里正，后并入县役，称为乡司，仍掌书写乡村赋税账册，而地位有所提高（《中国历史大辞典·宋史卷》，第21页）。
④ "支破"，支付，拨给。
⑤ "截拨"，截留调拨。
⑥ "遗赂"，赠送礼物。
⑦ "撰造"，臆造，捏造。

岂不枉哉！间有子弟为官，懵然不晓事理者；又有与吏同贪，虽知其是否而妄决者；乡民冤抑莫伸①，仕宦多无后者以此。盍亦思上之所以责任我者何意？而下之所以赴愬于我者②，正望我以伸其冤抑，我其可以不公其心哉！凡为官吏，当以公心为主，非特在己无愧，而子孙亦职有利矣。

校勘记

【1】"舌颊"，知不足斋丛书本同，宝颜堂秘笈本、文渊阁四库全书本作"口颊"。

【2】"乐盛"，知不足斋丛书本同，宝颜堂秘笈本、《新编居家必用事类全集·乙集》、文渊阁四库全书本、文津阁四库全书本作"荣盛"。

【3】"若知事无定势"后，宝颜堂秘笈本多"如筑墙之板然或上或下或下或上"。

【4】"虑婚嫁"后，宝颜堂秘笈本多"有所困郁而然"。

【5】"终于人力不能胜天"后，宝颜堂秘笈本多"徒为苍苍者笑耳"。

【6】"矣"字原脱，据知不足斋丛书本、宝颜堂秘笈本、文渊阁四库全书本、文津阁四库全书本、《纂图增新群书类要

---

① "冤抑"，犹冤屈。
② "愬"，同"诉"。

事林广记》乙集卷上补。

【7】"做小人",文渊阁四库全书本、知不足斋丛书本、文津阁四库全书本同,宝颜堂秘笈本作"为小人"。

【8】"安得",宝颜堂秘笈本、知不足斋丛书本同,文渊阁四库全书本、文津阁四库全书本作"安能"。

【9】"情性",知不足斋丛书本同,宝颜堂秘笈本、文渊阁四库全书本、文津阁四库全书本作"性情"。

【10】"悔辱",知不足斋丛书本同,宝颜堂秘笈本、文渊阁四库全书本、文津阁四库全书本作"侮辱"。

【11】"肉食",原作"内食",据宝颜堂秘笈本、知不足斋丛书本、文渊阁四库全书本、文津阁四库全书本改。

【12】"闻",知不足斋丛书本同,宝颜堂秘笈本、文渊阁四库全书本、文津阁四库全书本、《于湖居士文集》卷40《禁榜》作"以"。

【13】"或有狂醉之人"前,说郭本、宝颜堂秘笈本多"倘有讥议亦不必听"。

【14】"洁静",文渊阁四库全书本、文津阁四库全书本同,宝颜堂秘笈本、知不足斋丛书本作"洁净"。下同。

【15】"礼者",知不足斋丛书本作"礼义"。

【16】"滥",文渊阁四库全书本、知不足斋丛书本、文津阁四库全书本同,宝颜堂秘笈本作"淫"。

【17】"赃",文渊阁四库全书本、知不足斋丛书本、文津

阁四库全书本同，宝颜堂秘笈本作"贼"。

【18】"不敢"原作"不可"，据宝颜堂秘笈本、文渊阁四库全书本、知不足斋丛书本、文津阁四库全书本改。

【19】"顿开"，原作"头开"，据知不足斋丛书本、文渊阁四库全书本、宝颜堂秘笈本、文津阁四库全书本改。

【20】"贪多"，知不足斋丛书本同，宝颜堂秘笈本、文渊阁四库全书本、文津阁四库全书本作"贪取"。

【21】"朝夕环立"，"夕环"二字原残缺，据宝颜堂秘笈本、知不足斋丛书本、文渊阁四库全书本、文津阁四库全书本补。

【22】"已出"，知不足斋丛书本同，宝颜堂秘笈本、文渊阁四库全书本、《纂图增新群书类要事林广记》乙集卷上、文津阁四库全书本作"日出"。

【23】"远谋"，《纂图增新群书类要事林广记》乙集卷上、知不足斋丛书本同，宝颜堂秘笈本、文渊阁四库全书本、文津阁四库全书本作"速谋"。

【24】"破败"二字原脱，据知不足斋丛书本补，宝颜堂秘笈本、文渊阁四库全书本、文津阁四库全书本作"破坏"。

【25】"一时"后原衍"一时"二字，据宝颜堂秘笈本、知不足斋丛书本、文渊阁四库全书本、文津阁四库全书本删。

【26】"事贵预谋后则时失"，原作"事贵预谋则后时失"，据知不足斋丛书本改。

【27】"寿莹",原作"寿莹",据宝颜堂秘笈本、知不足斋丛书本、文渊阁四库全书本、文津阁四库全书本改。

【28】"顾藉",宝颜堂秘笈本、知不足斋丛书本同,文渊阁四库全书本、文津阁四库全书本作"赖藉"。

【29】"仰事俯育之计",宝颜堂秘笈本、知不足斋丛书本同,文渊阁四库全书本、文津阁四库全书本作"仰事俯育之资"。

【30】"巫医僧道",宝颜堂秘笈本、《新编居家必用事类全集·乙集》、知不足斋丛书本同,文渊阁四库全书本、文津阁四库全书本作"医卜星相"。下同,不另出校。

【31】"挟挥喑佞之术",文渊阁四库全书本、文津阁四库全书本作"挟谀佞之术",宝颜堂秘笈本、知不足斋丛书本作"挟持便佞之术"。

【32】"骂辱",知不足斋丛书本、文津阁四库全书本同,宝颜堂秘笈本、文渊阁四库全书本作"为辱"。

【33】"过客口券","口"字原脱,据宝颜堂秘笈本、文渊阁四库全书本、文津阁四库全书本补。

卷三 治家

宅舍关防贵周密

人之居家，须令垣墙高厚，藩篱周密①，窗壁门关坚牢②，随损随修。如有水窦之类③，亦须常设格子，务令新固，不可轻忽。虽窃盗之巧者，穴墙剪篱，穿壁决关④，俄顷可办⑤。比之颓墙败篱，腐壁敝门以启盗者有间矣⑥。且免奴婢奔窜⑦，及不肖子弟夜出之患。如外有窃盗，内有奔窜及子弟生事，纵官司为之受理，岂不重费财力。

山居须置庄佃

居止或在山谷村野僻静之地⑧，须于周围要害去处置立庄

---

① "藩篱"，用竹木编成的篱笆或栅栏。
② "门关"，门闩。《说文解字》卷12《门部》："关，以木横持门户也。"
③ "水窦"，水道。
④ "决关"，弄断门闩。
⑤ "俄顷"，一会儿，顷刻。
⑥ "有间"，有差别。
⑦ "奔窜"，奔走逃窜。
⑧ "居止"，住所。《谢灵运集校注》卷1《山居赋》："若乃南北两居，水通陆阻。观风瞻云，方知厥所。两居谓南北两处，各有居止。"

屋，招诱丁多之人居之①。或有火烛②、窃盗，可以即相救应。

夜间防盗宜警急

凡夜犬吠，盗未必至，亦是盗来探试，不可以为他而不警③。夜间遇物有声，亦不可以为鼠而不警。

防盗宜巡逻

屋之周围，须令有路可以往来，夜间遣人十数遍巡之。善虑事者④，居于城郭，无甚隙地⑤，亦为夹墙，使逻者往来其间。若屋之内，则子弟及奴婢更迭巡警⑥。

---

① "招诱"，招徕。
② "火烛"，此处指火灾。
③ "他"，别的，其他的情况。
④ "虑事"，考虑事情。
⑤ "隙地"，空隙地带。
⑥ "更迭"，交替，更换。

夜间逐盗宜详审

夜间觉有盗,便须直言"有盗!"徐起逐之①,盗必且窜,不可乘暗击之,恐盗之急,以刃伤我,及误击自家之人。若持烛见盗,击之犹庶几。若获盗而已受拘执②,自当准法,无过欧伤。

富家少蓄金帛免招盗

多蓄之家,盗所觊觎③,而其人又多置什物④,喜于矜耀⑤,尤盗之所垂涎也。富厚之家若多储钱谷,少置什物,少蓄金宝、丝帛,纵被盗,亦不多失。前辈有戒其家,自冬夏衣之外,藏帛以备不虞⑥,不过百匹。此亦高人之见,岂可与世俗言。

---

① "徐",缓慢。
② "拘执",拘捕。
③ "觊觎",过分的冀望或希图。
④ "什物",日常生活之物品。
⑤ "矜耀",夸耀。
⑥ "不虞",出乎意料之事。

防盗宜多端

劫盗有中夜炬火露刃排门而入人家者①,此尤不可不防,须于诸处往来路口,委人为耳目②,或有异常,则可以先知。仍预置便门,遇有警急,老幼妇女且从便门走避。又须子弟及仆者平时常备器械为御敌之计③,可敌则敌④,不可敌则避,切不可令盗得我之人,执以为质⑤,则邻保及捕盗之人不敢前⑥。

---

① "中夜",半夜。《尚书集传》卷6《周书·冏命》:"怵惕惟厉,中夜以兴,思免厥愆。"传:"言常悚惧惟危,夜半以起。""炬火",此处指举着火把。"排门",推门。
② "委",委派。
③ 《宋刑统校证》卷16《擅兴律》八《私有禁兵器》:"诸私有禁兵器者,徒壹年半;(原注:谓非弓、箭、刀、楯、短矛者。)弩壹张,加贰等;甲壹领及弩叁张,流贰千里;甲叁领及弩伍张,绞。私造者,各加一等;造未成者,减贰等。即私有甲、弩非全成者,杖壹佰。余非全成者,勿论。【疏】诸私有禁兵器者,徒壹年半。注云:谓非弓、箭、刀、楯、短矛者。【议曰】私有禁兵器,谓甲、弩、矛、矟、具装等,依令私家不合有。若有矛、矟者,各徒一年半。注云:谓非弓、箭、刀、楯、短矛者,此上五事,私家听有。其旌旗、幡帜及仪仗,并私家不得辄有,违者不应为重,杖八十。"
④ "敌",抵抗,抵挡。
⑤ "质",人质。
⑥ "邻保",邻居。

刻剥招盗之由 ①

劫盗虽小人之雄②，亦自有识见③。如富家平时不刻剥④，又能乐施⑤，又能种种方便，当兵火扰攘之际⑥，犹得保全⑦，至不忍焚掠污辱者多⑧[1]。盗所快意于劫杀之者⑨[2]，多是积恶之人⑩。富家各宜自省。

失物不可猜疑

家居或有失物，不可不急寻。急寻则人或投之僻处，可以复收，则无事矣。不急则转而出外，愈不可见。又不可妄猜疑

---

① 李元春评阅曰：三条（指"平时不刻剥，又能乐施，又能种种方便"）患盗窃者须知。
② "雄"，特出者，杰出之人。
③ "识见"，见识，见地。
④ "刻剥"，侵夺剥削。
⑤ "乐施"，乐于接济别人。
⑥ "扰攘"，混乱，纷乱。
⑦ "保全"，保护使不受损失。
⑧ "焚掠"，焚烧抢掠。
⑨ "快意"，恣意所欲。
⑩ "积恶"，长期做坏事。

人。猜疑之当，则人或自疑，恐生他虞①；猜疑不当，则正窃者反自得意。况疑心一生，则所疑之人，揣其行坐辞色皆若窃物②，而实未尝有所窃也。或已形于言③，或妄有所执治④，而所失之物偶见，或正窃者方获，则悔将若何[3]。

睦邻里以防不虞

居宅不可无邻家，虑有火烛，无人救应⑤。宅之四围如无溪流，当为池井，虑有火烛，无水救应。又须平时抚恤邻里有恩义。有士大夫平时多以官势残虐邻里⑥，一日为仇人刃其家，火其屋宅。邻居更相戒曰："若救火，火熄之后，非惟无功，彼更讼我以为盗取他家财物，则狱讼未知了期；若不救火，不过

---

① "虞"，忧虑，担心。
② "揣"，猜测。
③ "形"，表现，表露。《文选序》："诗者，盖志之所之也，情动于中而形于言。"
④ "执治"，拘捕惩处。
⑤ "救应"，救援接应。
⑥ "残虐"，残暴狠毒。《孔子家语疏证》卷6《执辔第二十五》："其法不听，其德不厚，故民恶其残虐，莫不吁嗟，朝夕祝之。"

杖一百而已。"① 邻里甘受杖而坐视其大厦为煨烬，生生之具无遗②，此其平时暴虐之效也。

火起多从厨灶

火之所起[4]，多从厨灶。盖厨屋多时不扫，则埃墨易得引火③。或灶中有留火，而灶前有积薪接连，亦引火之端也。夜间最当巡视。

---

① 《宋刑统校证》卷27《杂律》四《失火》："诸见火起，应告不告，应救不救，减失火罪贰等。（原注：谓从本失罪减）其守卫宫殿、仓库及掌囚者，皆不得离所守救火，违者杖壹伯。【疏议曰】见火起烧公私廨宇、舍宅、财物者，皆须告见在及邻近之人共救。若不告、不救，减失火罪贰等，谓若于官府廨宇内及仓库，从徒贰年上减贰等，合徒壹年。若于宫及庙、社内，从徒叁年上减贰等，徒贰年；若于私家，从笞伍拾上减贰等，笞叁拾。故注云，从本失罪减，明即不从延烧减之。其守卫宫殿、仓库及掌囚者，虽见火起，并不得离所守救火，违者杖壹伯。虽见火起，不告亦不合罪。"《庆元条法事类》卷80《杂门·失火·杂敕》："诸在州失火，都监实时救扑，通判监督，违者，各杖八十。虽实时救扑、监督而延烧官私舍宅，二百间以上（原注：芦竹草版屋三间比一间），都监、通判，杖六十，仍奏裁；三百间以上，知州准此。其外县丞、尉（原注：州城外草市、倚郭县同）并镇寨官依州都监法。"《作邑自箴》卷6《劝谕民庶榜》："凡有贼发火起，仰邻保历便递相叫唤，急疾救应，不须等候勾追，却致误事，若官司点检，或保众首说，有不到之人，其牌子头，并地分干当人，一例勘决。"
② "生生之具"，此处泛指生活用具。
③ "埃墨"，烟灰。

焙物宿火宜儆戒

烘焙物色过夜①，多致遗火②。人家房户【5】，多有覆盖宿火而以衣笼罩之上③，皆能致火④，须常戒约。

田家致火之由

蚕家屋宇低隘⑤，于炙簇之际，不可不防火。

农家储积粪壤，多为茅屋，或投死灰于其间⑥，须防内有余烬未灭，能致火烛。

---

① "烘焙"，烘烤。"物色"，泛指各种物品。
② "遗火"，失火。《后汉书》卷83《梁鸿传》："曾误遗火延及它舍，鸿乃寻访烧者，问所去失，悉以豕偿之。"
③ "宿火"，隔夜未息的火。"笼"，《文选》卷9《射雉赋》："眄箱笼以揭骄，睨骄媒之变态。李善注：凡竹器，箱方而密，笼圆而疏。"
④ "致火"，引来火灾。
⑤ "蚕家"，养蚕的人家。"低隘"，低矮狭窄。
⑥ "死灰"，完全熄灭的火灰，因其颜色灰白，用以形容类似的颜色。

致火不一类

茅屋须常防火,大风须常防火,积油物、积石灰须常防火。此类甚多,切须询究。

小儿不可带金宝

富人有爱其小儿者,以金银珠宝之属饰其身。小人有贪者,于僻静处坏其性命而取其物。虽闻于官而置于法,何益!

小儿不可独游街市

市邑小儿,非有壮夫携负①,不可令游街巷,虑有诱略之人也②。

---

① "携负",牵挽背负。
② "诱略",诱骗,劫掠。

小儿不可临深

人之家居，井必有干①，池必有栏。深溪急流之处，峭险高危之地，机关触动之物，必有禁防②，不可令小儿狎而临之。脱有疏虞③，归怨于人何及。

亲宾不宜多强酒

亲宾相访，不可多虐以酒④。或被酒夜卧⑤，须令人照管。往时栝苍有困客以酒⑥，且虑其不告而去，于是卧于空舍而钥其门⑦。酒渴索浆不得⑧，则取花瓶水饮之，次日启关而客死矣⑨。其家讼于官，郡守汪怀忠究其一时舍中所有之物⑩，云有花瓶，

---

① "干"，井栏。《庄子集释》卷6下《外篇·秋水第十七》："出跳梁乎井干之上，入休乎缺甃之崖。"释文："井干"古旦反。司马云：井栏也。
② "禁防"，禁止防范。
③ "脱"，倘若，如果。"疏虞"，疏忽。
④ "虐"，通"谑"，戏谑。《尚书今古文注疏》卷2《虞夏书二·皋陶谟第二下》："无若丹朱傲，惟慢游是好，傲虐是作。"疏："虐与谑音近，释诂云：'戏谑也。'"
⑤ "被酒"，醉酒。
⑥ "栝苍"，宋属两浙路台州，今浙江临海括苍镇。
⑦ "钥"，锁闭。
⑧ "浆"，水也。
⑨ "启关"，开门。《日知录集释》卷32《关》："关者，所以拒门之木。……后人因之，遂谓门为关也。"
⑩ "汪怀忠"，即汪待举，字怀忠，衢州人，绍兴十九年（1149）至二十一年（1151）九月乙巳知处州。见《处州志》《建炎以来系年要录》卷162绍兴二十一年九月乙巳条。

浸旱莲花。试以旱莲花浸瓶中，取罪当死者试之，验，乃释之。又有置水于案而不掩覆，屋有伏蛇遗毒于水，客饮而死者。凡事不可不谨如此。

婢仆奸盗宜深防

清晨早起，昏晚早睡，可以杜绝婢仆奸盗等事。

严内外之限[1]

司马温公《居家杂仪》[2]："令仆子非有警急[3]、修葺，不得入中门[4]。妇女、婢妾无故不得出中门，只令铃下小童通传内

---

[1] 李元春评阅曰：予以为居家正可不用婢仆。《州县提纲》卷1《严内外之禁》："闺门内外之禁，不可不严。若容侍妾令妓辈教以歌舞，纵百姓妇女出入贸易机致，日往月来，或启子弟奸淫，或致交通关节。"

[2] 《居家杂仪》："女仆无故不出中门，（原注：盖小婢亦然）有故出中门，亦必掩蔽其面，凡为宫室，必辨内外，深宫固门，内外不共井，不共浴堂，不共厕。男治外事，女治内事。男子昼无故不处私室。妇人无故不窥中门，有故外出必掩蔽其面，（原注：如盖头面帽之类）男子夜行以烛。男仆非有缮修及大故，（原注：大故谓水火盗贼之类）亦必以袖掩遮其面。铃下苍头，但主通内外之言，传致内外之物，毋得辄升堂室入庖厨。"

[3] "仆子"，童仆。

[4] "中门"，内外室之间的门。

外①。"治家之法，此过半矣。

婢妾常宜防闭

婢妾与主翁亲近，或多挟此私通仆辈。有子，则以主翁藉口②。畜愚贱之裔，至破家者多矣。凡有婢妾，不可不谨其始，亦不可不防其终。

侍婢不可不谨出入

人有婢妾，不禁出入，至与外人私通，有妊不正其罪而遽逐去者，往往有于主翁身故之后，自言是主翁遗腹子，以求归宗，旋致兴讼。世俗所宜警此，免累后人。

---

① "铃下"，门卫，侍卫。
② "藉口"，同"借口"，用别人的话为依据。《春秋左传集解》第12："若苟有以借口而复于寡君，君之惠也。"注："藉，荐。"后转用作托词或假托理由之意。

婢妾不可供给

人有以正室妒忌，而于别宅置婢妾者；有供给娼女而绝其与人往来者，其关防非不密，监守非不谨，然所委监守之人得其犒遗①，反与外人为耳目以通往来，而主翁不知，至养其所生子为嗣者②。又有妇人临蓐③，主翁不在，则弃其所生之女，而取他人之子为己子者。主翁从而收养，不知非其己子。庸俗愚暗，大抵类此。

暮年不宜置宠妾

妇人多妒[6]，有正室者少蓄婢妾，蓄婢妾者多无正室。夫蓄婢妾者，内有子弟，外有仆隶，皆当关防。制以主母④，犹有他事，况无所统辖，以一人之耳目临之，岂难欺蔽哉？暮年尤非所宜，使有意外之事，当如之何？

---

① "犒遗"，犒劳赠送。
② "嗣"，继承人。
③ "临蓐"，即将分娩。
④ "主母"，古代婢妾称女主人为主母。

婢妾不可不谨防

夫蓄婢妾之家，有僻室而人所不到，有便门而可以通外。或溷厕与厨灶相近①，而使膳夫掌庖；或夜饮在于内堂，而使仆子供过，其弊有不可防者。盖此曹深谋而主不之猜，此曹迭为耳目②，而主又何由知觉。

美妾不可蓄

夫置婢妾，教之歌舞，或使侑樽以为宾客之欢③，切不可蓄姿貌黠慧过人者，虑有恶客起觊觎之心④。彼见美丽，心欲得之。逐兽则不见泰山⑤，苟势可以临我，则无所不至。绿珠之

---

① "溷厕"，"溷"，猪圈。
② "迭"，轮流，交换。
③ "侑樽"，劝酒。
④ "恶客"，不怀好意的客人。
⑤ 《菜根谭》："贪心胜者，逐兽而不见泰山在前，弹雀而不知深井在后。"

事①，在古可鉴，近世亦多有之，不欲指言其名。

赌博非闺门所宜有②

士大夫之家，有夜间男女群聚呼卢至于达旦③，岂无托故而起者④，试静思之。

仆厮当取勤朴

人家有仆，当取其朴直谨愿⑤，勤于任事，不必责其应对进退之快人意。人之子弟不知温饱所自来者，不求自己德业之出

---

① "绿珠"，西晋石崇歌妓，美而艳，善吹笛。见《晋书》卷33《石崇传》："崇有妓曰绿珠，美而艳，善吹笛。孙秀使人求之。……崇竟不许。秀怒，乃劝伦诛崇、建。崇、建亦潜知其计，乃与黄门郎潘岳因劝淮南王允、齐王冏以图伦、秀。秀觉之，遂矫诏收崇及潘岳、欧阳建等。……崇谓绿珠曰：'我今为尔得罪。'绿珠泣曰：'当效死于官前。'因自投于楼下而死。……崇母兄妻子无少长皆被害，死者十五人。"
② 李元春评阅曰：处家一切玩好须绝。
③ "呼卢"，古时一种赌博，削木为子，共五个，一子两面，一面涂黑，画牛犊。一面涂白，画雉。五子都黑，叫卢。掷子时，高声大喊，希望得到全黑，所以叫呼卢。
④ "托故"，借口某个原因。
⑤ "谨愿"，谨慎诚实。

众^①，而独欲^[7]仆者峭黠之出众^②。费财以养无用之人，固未甚害，生事为非，皆此辈导之也。

轻诈之仆不可蓄

仆者而有市井浮浪子弟之态^③，异巾美服，言语矫诈^④，不可蓄也。蓄仆之久而骤然如此，闺阃之事^⑤，必有可疑。

待婢仆当宽恕

奴仆小人，就役于人者，天资多愚，作事乖舛背违^⑥，不曾有便当省力之处。如顿放什物^⑦，必以斜为正；如裁截物色，必以长为短。若此之类，殆非一端。又性多忘，嘱之以事，全不

---

① "德业"，德行功业。
② "峭黠"，尖利奸巧。
③ "浮浪"，放荡不务正业。
④ "矫诈"，虚伪诡诈。
⑤ "闺阃"，女子的居室，也借指女子。
⑥ "乖舛"，差错。"背违"，背后有意见。
⑦ "顿放"，放置，安置。

记忆；又性多执①，所见不是，自以为是；又性多狠②，轻于应对，不识分守③。所以雇主于使令之际，常多叱咄④。其为不改，其言愈辩，雇主愈不能平，于是棰楚加之⑤，或失手而至于死亡者有矣。凡为家长者，于使令之际有不如意，当云："小人天资之愚如此，宜宽以处之，多其教诲，省其嗔怒可也。"如此，则仆者可以免罪，主者胸中亦大安乐，省事多矣。

至于婢妾，其愚尤甚。妇人既多褊急很愎⑥，暴忍残刻⑦，又不知古今道理，其所以责备婢妾者，又非丈夫之比。为家长者，宜于平昔常以待[8]奴仆之理喻之，其间必自有晓然者。

奴仆不可深委任

人之居家，凡有作为及安顿什物，以至田园、仓库、厨厕

---

① "执"，执拗。
② "狠"，戾。
③ "分守"，守本分。
④ "叱咄"，训斥，呵责。
⑤ "棰楚"，用杖或板打，指杖刑。
⑥ "褊急"，气量狭小，脾气暴躁。《毛诗注疏》卷5《魏风·葛屦序》："魏地陿隘，其民机巧趋利，其君俭啬褊急，而无德以将之。"孔疏："褊急，言性躁。""很愎"，刚愎。"很"，犹"狠"。
⑦ "暴忍"，暴虐残忍。"残刻"，凶暴狠毒。

等事，皆自为之区处①，然后三令五申以责付奴仆②，犹惧其遗忘不如吾志。今有人一切不为之区处，凡事无大小，听奴仆自为，谋不合己意，则怒骂，鞭挞继之。彼愚人，止能出力以奉吾令而已，岂能善谋，一一暗合吾意。若不知此，自见多事。且如工匠执役③，必使一不执役者为之区处，谓之都料匠④。盖人凡有执为，则不暇他见，须令一不执为者旁观而为之区处，则不烦扰而功增倍矣。

顽很婢仆宜善遣

婢仆有顽很全不中使令者⑤，宜善遣之，不可留，留则生事。主或过于殴伤，此辈或挟怨为恶，有不容言者。婢仆有奸盗及逃亡者，宜送之于官，依法治之，不可私自鞭挞，亦恐有意外之事。或逃亡非其本情，或所窃止于饮食微物，宜念其平日有劳，只略惩之，仍前留备使令可也。

---

① "区处"，处理。
② "责付"，责成交付。
③ "执役"，服役。
④ 《柳河东集》17《梓人传》："梓人，盖古之审曲面势者，今谓之都料匠云。"
⑤ "顽很"，凶恶暴戾。

婢仆不可自鞭挞①

婢仆有小过,不可亲自鞭挞。盖一时怒气所激,鞭挞之数必不记,徒且费力,婢仆未必知畏。惟徐徐责问②,令他人执而挞之,视其过之轻重而定其数。虽不过怒,自然有威,婢妾亦自然畏惮矣。寿昌胡倅彦特之家③,子弟不得自打仆隶,妇女不得自打婢妾。有过则告之家长,家长为之行遣④。妇女擅打婢妾则挞子弟,此贤者之家法也。

教治婢仆有时

婢仆有过,既已鞭挞,而呼唤使令⑤,辞色如常⑥,则无他事。盖小人受杖,方内怀怨⑦,而主人怒不之释⑧,恐有轻生而自残者。

---

① 《庆元条法事类》卷16《文书门一·赦降》:"建中靖国元年十二月七日敕:主殴人力、女使,有愆犯因决罚邂逅致死,若遇恩,品官、民庶之家并合作杂犯。"
② "徐徐",缓缓。《孟子正义》卷27《尽心上》:"孟子曰:'是犹或紾其兄之臂,子谓之姑徐徐云尔。亦教之孝悌而已矣。'"
③ "寿昌",治今建德市西南寿昌镇,宋代属两浙路建德府。
④ "行遣",处置,发落。
⑤ "使令",差遣,使唤。
⑥ "辞色",说话的言辞、神色。
⑦ "怀怨",心怀怨恨。
⑧ "释",解,消除。

婢仆横逆宜详审

婢仆有无故而自经者①，若其身温可救，不可解其缚，须急抱其身令稍高，则所缢处必稍宽。仍更令一人以指于其缢处渐渐宽之，觉其气渐往来，乃可解下。仍急令人吸其鼻中，使气相接，乃可以苏。或不晓此理，而先解其系处，其身力重，其缢处愈急，只一嘘气便不可救，此不可不预知也②。如身已冷不可救，或救而不苏，当留本处，不可移动。叫集邻保，以事闻官。仍令得力之人日夜同与守视，恐有犬鼠之属残其尸也。自刃不殊③，宜以物掩其伤处。或已绝，亦当如前说。

---

① "自经"，上吊自杀。《四书章句集注·论语集注》卷7《宪问第十四》："岂若匹夫匹妇之为谅也，自经于沟渎而莫之知也。"注："经，缢也。"

② 《新校金匮要略方论》卷下《杂疗方第二十三》："救自缢死……徐徐抱解，不得截绳，上下安被卧之，一人以脚踏其两肩，手少挽其发常弦弦勿纵；一人以手按据胸上，数动之；一人摩捋臂胫屈伸之；若已僵，但渐渐强屈之，并按其腹。如此一炊顷，气从口出，呼吸眼开，而犹引按莫置，亦勿劳苦之。须臾，可少桂汤及粥清含与之，令濡喉，渐渐能咽，及稍止。"《洗冤集录》卷5《救死方》："若缢，从早至夜，虽冷亦可救；从夜至早，稍难。若心下温，一日以上犹可救。不得截绳，但款款抱解放卧，令一人踏其两肩，以手拔其发，常令紧。一人微微捻整喉咙，依先以手擦胸上，散动之。一人磨搦臂足屈伸之，若已僵，但渐渐强屈之。又按其腹。如此一饭久，即气从口出，复呼吸，眼开。勿苦劳动。又以少灌桂汤及粥饮与之，令润咽喉。更令二人以笔管吹其耳内，若依此救，无有不活者。又法：紧用手罨其口，勿令通气，两时许，气急即活。又用皂角、细辛等分为末，如大豆许，吹两鼻孔。"

③ "自刃"，自杀。

人家有井，于甃处宜为缺级①，令可以上下。或有坠井、投井者，可以令人救应。或不及，亦当如前说。溺水、投水而水深不可援者，宜以竹篙及木板能浮之物投与之。溺者有所执，则身浮可以救应。或不及，亦当如前说。夜睡魇死及卒死者②，亦不可移动，并当如前说。

---

① "甃"，井壁。《经典释文》："甃，如阑，以砖为之，着井底阑也。"
② 《洗冤集录》卷5《救死方》："魇死不得用灯火照，不得近前，急唤多杀人，但痛咬其足跟及足拇指畔，及唾其面，必活。魇不省者，移动些小卧处，徐徐唤之即省。夜间魇者，元有灯即存，元无灯，切不可用灯照。又用笔管吹两耳，及取病人头发二七茎，捻作绳，刺入鼻中。又盐汤灌之。又研韭汁半盏灌鼻中，冬用根亦得。又灸两足大拇指聚毛中三七壮。（原注：聚毛乃脚指向上生毛处）又皂角末如大豆许，吹两鼻内，得嚏则气通，三四日者尚可救。"《圣济总录》卷100《诸注门·卒魇不寤》："论曰：其寐也魂交，其觉也形开，若形数惊恐，心气妄乱，精神慑郁，志有摇动，则有鬼邪之气，乘虚而来，入于寝寐，使人魂魄飞荡，去离形干，故魇不得寤也，久不寤以致死，必须得人助唤，并以方术治之乃苏。若在灯光前魇者，是魂魄本由明出，唤之无忌。若在夜暗处魇者，忌火照，火照则神魂不复入，乃至于死，又人魇须远呼，不得近而急唤，恐神魂或致飞荡也。"《医源流论》卷上《卒死论》："天下卒死之人甚多，其故不一。内中可救者，十之七八。不可救者，仅十之二三，惟一时不得良医，故皆枉死耳。夫人内外无病，饮食行动如常，而忽然死者，其脏腑经络本无受病之处，卒然感犯外邪，如恶风、秽气、鬼邪、毒厉等物，闭塞气道，一时不能转动，则大气阻绝，昏闷迷惑，久而不通，则气愈聚愈塞，如系绳于颈，气绝则死矣。若医者，能知其所犯何故，以法治之、通其气，驱其邪，则立愈矣。又有痰涎壅盛，阻遏气道而卒死者，通气降痰则苏，所谓痰厥之类是也。以前诸项，良医皆能治之，惟脏绝之症则不治。其人或劳心思虑，或酒食不节，或房欲过度，或恼怒不常，五脏之内，精竭神衰。惟一线真元未断，行动如常，偶有感触。其元气一时断绝，气脱神离，顷刻而死，既不可救，又不及救，此则卒死之最急，而不可治者也。至于暴遇神鬼，适逢冤谴，此又怪异之事，不在疾病之类矣。"

婢仆疾病当防备①

婢仆无亲属而病者，当令出外就邻家医治，仍经邻保录其词说，却以闻官。或有死亡，则无他虑。

婢仆当令饱暖

婢仆欲其出力办事，其所以御饥寒之具，为家长者不可不留意。衣须令其温，食须令其饱。士大夫有云："蓄婢不厌多，教之纺绩则足以衣其身；蓄仆不厌多，教之耕种则足以饱其腹。"大抵小民有力，足以办衣食。而力无所施，则不能以自活②，故求就役于人。为富家者能推恻隐之心，蓄养婢仆，乃以其力还养其身，其德至大矣。而此辈既得温饱，虽苦役之，彼亦甘心焉。

---

① 《宋会要辑稿·刑法》6之2—3："景祐三年四月三十日，开封府言：'旧制，公私家婢仆疾病三申官者，死日不须检验。或有夹带致害，无由觉察，望别为条约。'诏今后所申状内无医人姓名及一日三申者，差人检验，余依旧制。"
② "自活"，自求生存。《淮南鸿烈集解》卷12《道应训》："为人君而欲杀其民以自活也，其谁以我为君者乎？"

凡物各宜得所

婢仆宿卧去处，皆为点检①，令冬时无风寒之患，以至牛、马、猪、羊、猫、狗、鸡、鸭之属，遇冬寒时各为区处牢圈栖息之处。此皆仁人之用心，备物我为一理也。

人物之性皆贪生

飞禽走兽之与人，形性虽殊②，而喜聚恶散，贪生畏死，其情则与人同。故离群[9]则向人悲鸣，临庖则向人哀号③。为人者既忍而不之顾，反怒其鸣号者有矣，胡不反己以思之④。物之有望于人⑤，犹人之有望于天也。物之鸣号有诉于人，而人不之恤，则人之处患难、死亡、困苦之际，乃欲仰首叫号求天之恤

---

① "点检"，查看。
② "形性"，形体和性质。
③ "庖"，原意为厨房、厨师，此处引申为宰割之意。
④ "反己"，反过头来要求自己。《庄子集释》卷8中《杂篇·徐无鬼第二十四》："反己而不穷，循古而不摩，大人之诚。"注："反守我理，我理自通。"
⑤ "有望"，有指望。《春秋左传集解》第23："宣子曰：'孺子善哉，吾有望矣。'"

耶！大抵人居病患不能支持之时，及处囹圄不能脱去之时①，未尝不反复究省平日所为②，某者为恶，某者为不是。其所以改悔自新者，指天誓日可表③。至病患平宁【10】及脱去罪戾④，则不复记省。造罪作恶⑤，无异往日。余前所言，若言于【11】经历患难之人，必以为然，犹恐痛定之后，不复记省。彼不知患难者，安知不以吾言为迂⑥。

求乳母令食失恩

有子而不自乳，使他人乳之，前辈已言其非矣，况其间求乳母于未产之前者，使不举己子而乳我子⑦。有子方婴孩，使舍之而乳我子，其己子呱呱而泣，至于饿死者。有因仕宦他处，逼勒牙家诱赚良人之妻⑧，使舍其夫与子而乳我子，因挟以归乡，使其一家离散，生前不复相见者。士夫递相庇护，国家法令有

---

① "囹圄"，牢狱。
② "究省"，深入反省。
③ "指天誓日"，指着天对着太阳发誓，表示意志坚决。
④ "平宁"，安定，安宁。
⑤ "造罪"，犹犯罪。《敦煌变文集》卷5《佛说阿弥陀经讲经文》："凡夫造罪若须弥，从来不觉总不知。"
⑥ "迂"，不合时宜，不切实际。
⑦ "举"，抚养，养育。
⑧ "牙家"，即牙人，旧时集市贸易中以介绍买卖为业的人。"良人"，平民，清白之人。

不能禁，彼独不畏于天哉！

雇女使年满当送还[①]

以人之妻为婢，年满而送还其夫；以人之女为婢，年满而送还其父母；以他乡之人为婢，年满而送归其乡，此风俗最近厚者，浙东士大夫多行之。有不还其夫而擅嫁他人，有不还其父母而擅与嫁人，皆兴讼之端。况有不恤其离亲戚、去乡土，役之终身，无夫无子，死为无依之鬼，岂不甚可怜哉！

婢仆得土人最善

蓄奴婢惟本土人最善，盖或有病患，则可责[12]其亲属为之扶持[②]；或有非理自残，既有亲属明其事因，公私又有质

[①] 《文献通考》卷11："自今人家佣赁，当明设要契及五年。"《宋会要辑稿·刑法》2之155："（绍兴三十一年）八月十八日，知临安府赵子潚言：'近来品官之家典雇女使，避免立定年限，将来父母取认，多是文约内妄作妳婆或养娘房下养女，其实为主家作奴婢役使，终身为妾，永无出期，情实可悯。望有司立法。'户部看详：'欲将品官之家典雇女使妄作养女立契，如有违犯，其雇主并引领牙保人，并依律不应为从杖八十科罪，钱不追，人还主，仍许被雇之家陈首。'从之。"

[②] "扶持"，照料。

证①。或有婢妾无夫子、兄弟可依，仆隶无家可归，念其有劳不可不养者，当令预经邻保自言，并陈于官。或预与之择其配，婢使之嫁，仆使之娶，皆可绝他日意外之患也。

雇婢仆要牙保分明

雇婢仆须要牙保分明②。牙保又不可令我家人为之【13】也。

买婢妾当询来历

买婢妾既已成契，不可不细询其所自来，恐有良人子女为人所诱略③。果然，则即告之官，不可以婢妾还与引来之人，虑残其性命也④。

---

① "质证"，对质证明。
② "牙保"，即牙人。《文献通考》卷11："自今人家佣赁，当明设要契。"《东京梦华录注》卷3："凡雇觅人力、干当人、酒食作匠之类，各有行老供雇；觅女使，即有引至牙人。"
③ "诱略"，《吏学指南》："以利动之谓之诱。取非其道谓之略。"
④ "残"，残害。

买婢妾当审可否

买婢妾须问其应典卖不应典卖①,如不应典卖,则不可成契。或果穷乏无所依倚②,须令经官自陈③,下保审会,方可成契。或其不能自陈,令引来之人契中称说,少与雇钱,待其有亲人识认,即以与之也。

狡狯子弟不可用

族人、邻里、亲戚有狡狯子弟④,能恃强凌人,损彼益此,富家多用之以为爪牙,且得目前快意。此曹内既奸巧⑤,外常柔顺,子弟责骂狎玩常能容忍。为子弟者亦爱之。他日家长既没之后,诱子弟为非者,皆此等人也。大抵为家长者必自老

---

① "典卖",又称"活卖",指出卖时约定期限,到期后可赎回。
② "穷乏",缺衣少食,穷苦。《孟子正义》卷23《告子上》:"乡为身死而不受,今为所识穷乏者得我而为之。""依倚",依傍。
③ "自陈",自己陈述。
④ "狡狯",诡变。
⑤ "奸巧",犹奸诈。《管子校释》卷第15《治国》:"民作一,则田垦,奸巧不生。田垦则粟多,粟多则国富。奸巧不生,则民治。"

练,又其智略能驾驭此曹,故得其力。至于子弟,须贤明如其父兄,则可无虑。中材之人,鲜不为之鼓惑,以致败家。《唐史》有言"妖禽孽狐当昼则伏息自如,得夜乃为之祥"①,正谓此曹。若平昔延接淳厚刚正之人,虽言语多拂人意,而子弟与之久处,则有身后之益。所谓"快意之事常有损,拂意之事常有益"。凡事皆然,宜广思之。

淳谨干人可付托

幹人有管库者②,须常谨其簿书③,审其见存。幹人有管谷米者,须严其簿书,谨其管钥④,兼择谨畏之人⑤,使之看守。幹人有贷财本兴贩者,须择其淳厚,爱惜家累⑥【14】,方可付托。盖中产之家,日费之计犹难支梧,况受佣于人,其饥寒之

---

① 《新唐书》卷100《陈杨封裴宇文传》:"赞曰:封伦、裴矩,其奸足以亡隋,其知反以佐唐,何哉?惟奸人多才能,与时而成败也。妖禽孽狐,当昼则伏自如,得夜乃为之祥。若伦伪行匿情,死乃暴闻,免两观之诛,幸矣。太宗知士及之佞,为游言自解,亦不能斥。彼中材之主,求不惑于佞,难哉!"
② "幹人",富有之家及官户人家中负责办事之人。
③ "簿书",记录财物出纳的簿籍。
④ "管钥",锁匙。《礼记正义》卷17《月令》:"(孟冬之月)修键闭,慎管钥。"注:"管钥,搏键器也。"疏:"以铁为之,似乐器之管钥,揳于锁内以搏取其键也。"
⑤ "谨畏",小心谨慎。
⑥ "家累",家财。

计，岂能周足①。中人之性，目见可欲，其心必乱，况下愚之人②，见酒食声色之美，安得不动其心。向来财不满其意而充其欲，故内则与骨肉同饥寒，外则视所见如不见。今其财物盈溢于目前，若日日严谨，此心姑寝③。主者事势稍宽④，则亦何惮而不为？其始也，移用甚微，其心以为可偿，犹未经虑。久而主不之觉，则日增焉，月益焉。积而至于一岁，移用已多，其心虽惴惴，无可奈何，则求以掩覆。至二年、三年，侵欺已大彰露⑤，不可掩覆。主人欲峻治之⑥，已近噬脐⑦。故凡委托幹人，所宜警此【15】。

存恤佃客

国家以农为重，盖以衣食之源在此。然人家耕种出于佃人之力，可不以佃人为重？遇其有生育、婚嫁、营造、死亡，当

---

① "周足"，完备。
② "下愚之人"，极愚蠢之人。《四书章句集注·论语集注》卷9《阳货第十七》："子曰：'唯上知与下愚不移。'"
③ "寝"，止，息。
④ "事势"，做事的趋势。"宽"，纵。
⑤ "彰露"，暴露，显露。
⑥ "峻治"，严厉处理。
⑦ "噬脐"，自噬腹脐，比喻后悔已晚。

厚赒之①。耕耘之际，有所假贷，少收其息。水旱之年，察其所亏，早为除减，不可有非理之需，不可有非时之役，不可令子弟及幹人私有所扰，不可因其仇者告语增其岁入之租，不可强其称贷，使厚供息，不可见其自有田园，辄起贪图之意。视之爱之，不啻如骨肉②，则我衣食之源，悉藉其力，俯仰可以无愧怍矣③。

佃仆不宜私假借

佃仆妇女等，有于人家妇女、小儿处称莫令家长知，而欲重息以生借钱谷④，及欲借质物以济急者⑤，皆是有心脱漏⑥，必无还意。而妇女、小儿不令家长知，则不敢取索，终为所负⑦。为家长者，宜常以此喻其家人知也。

---

① "赒"（zhōu），接济，救济。
② "不啻"，不异于。
③ "愧怍"，惭愧。
④ "重息"，优厚的利息。
⑤ "质"，抵押。《说文解字》卷6《贝部》："质，以物相赘。"
⑥ "脱漏"，遗漏。
⑦ "负"，欠。

外人不宜入宅舍[1]

尼姑、道婆[2]、媒婆、牙婆及妇人以买卖、针灸为名者[3],皆不可令入人家。凡脱漏妇女、财物,及引诱妇女为不美之事,皆此曹也。

溉田陂塘宜修治

池塘、陂湖、河埭蓄水以溉田者[4],须于每年冬月水涸之际[5],浚之使深,筑之使固。遇天时亢旱[6],虽不至于大稔[7],亦不至于全损。今人往往于亢旱之际常思修治,至收刈之后[8],则

---

① 《为政九要·正内第三》:"官府、衙院、宅司,三姑六婆,往来出入,勾引厅角关节,搬挑奸淫,沮坏男女。三姑者,卦姑、尼姑、道姑;六婆者,媒婆、牙婆、虔婆、药婆、师婆、稳婆,斯名三刑六害之物也。近之为灾,远之为福,净宅之法也。"

② "道婆",尼姑庵中女执役者。

③ "牙婆",指介绍买卖人口从中牟利的妇女。

④ "河埭",河堤,河坝。

⑤ "涸",水干。

⑥ "亢旱",大旱。

⑦ "大稔",大丰收。

⑧ "收刈",收割。

忘之矣。谚所谓"三月思种桑，六月思筑塘"，盖伤人之无远虑如此①。

修治陂塘其利博

池塘、陂湖、河埭，有众享其溉田之利者，田多之家当相与率倡，令田主出食，佃人出力，遇冬时修筑，令多蓄水。及用水之际，远近高下，分水必均，非止利己，又且利人，其利岂不博哉！今人当修筑之际，靳出食力②。及用水之际，奋臂交争，有以锄耰相殴至死者③。纵不死，亦至坐狱被刑，岂不可伤！然至此者，皆田主悭吝之罪也④。

桑木因时种植

桑果竹木之属，春时种植甚非难事，十年、二十年之间即享其利。今人往往于荒山闲地，任其弃废。至于兄弟析产，或

---

① "伤"，忧思。
② "靳"，吝惜、吝啬。
③ "锄耰"，农具。"锄"，用以除草、松土；"耰"，碎土、平田的农具。
④ "悭吝"，吝啬。

因一根荄之微①，忿争失欢。比邻山地偶有竹木在两界之间，则兴讼连年。宁不思使向来天不产此，则将何所争？若以争讼所费，庸工植木，则一二十年之间，所谓"材木不可胜用"也②。其间有以果木逼于邻家，实利有及于其童稚，则怒而伐去之者，尤无所见也③。

邻里贵和同

人有小儿，须常戒约，莫令与邻里损折果木之属。人养牛羊，须常看守，莫令与邻里踏践山地六种之属④。人养鸡鸭，须常照管，莫令与邻里损啄菜茹⑤、六种之属。有产业之家，又须各自勤谨，坟墓、山林欲聚录长茂[16]荫映，须高其墙围，令人不得逾越。园圃种植菜茹、六种，及有时果去处⑥，严其篱围，不通人往来，则亦不致临时责怪他人也。

---

① "根荄"，植物的根。
② 《孟子正义》卷2《梁惠王上》："数罟不入洿池，鱼鳖不可胜食也。斧斤以时入山林，材木不可胜用也。"注："时，谓草木零落之时。使林木茂畅，故有余。"
③ "所见"，见解，见识。
④ "六种"，即陆种，为旱地作物。此处泛指农作物。
⑤ "菜茹"，菜蔬。《汉书》卷24上《食货志第四上》："还庐树桑，菜茹有畦。"师古曰："茹，所食之菜也。"
⑥ "时果"，应时的水果。

田产界至宜分明①

人有田园、山地，界至不可不分明②。异居分析之初③，置产④、典买之际，尤不可不仔细。人之争讼，多由此始。且如田亩有因地势不平，分一丘为两丘者⑤；有欲便顺，并两丘为一丘者；有以屋基⑥、山地为田，又有以田为屋基、园地者；有改移街路、水圳者⑦，官中虽有经界图籍⑧，坏烂不存者多矣。况又从而改易，不经官司、邻保验证，岂不大启争端？

人之田亩有在上丘者⑨，若常修田畔⑩，莫令倾倒。人之屋基、园地，若及时筑叠垣墙，才损即修。人之山林，若分明挑

---

① 《名公书判清明集》卷4《户婚门·争业上·吴肃吴镕吴桧互争田产》："准法：诸典卖田宅，已印契而诉亩步不同者，止以契内四至为定；其理年限者，以印契之日为始，或交业在印契日后者，以交业日为始。"
② "界至"，边界所至的标志。
③ "异居"，分居。《后汉书》卷39《薛包传》："既而弟子求分财异居，包不能止，乃中分其财。"
④ "置产"，购置产业。
⑤ "丘"，古代田里划分单位，此处泛指一块田地。《周礼注疏》卷11《地官·小司徒》："九夫为井，四井为邑，四邑为丘。"
⑥ "屋基"，房屋地基。
⑦ "水圳"，人工修建的用来灌溉农田的水利系统。
⑧ "经界"，土地的分界。《孟子正义》卷10《滕文公上》："夫仁政必自经界始。经界不正，井地不钧，谷禄不平，是故暴君污吏必慢其经界。"
⑨ "上丘"，高处的地段。
⑩ "田畔"，田界。

掘沟堑，才损即修，有何争讼？惟其卤莽①，田畔倾倒，修治失时。屋基、园地止用篱围，年深坏烂，因而侵占。山林或用分水，犹可辩明，间有以木、以石、以坎为界②，年深不存，及以坑为界，而外又有一坑相似者，未尝不启纷纷不决之讼也。至于分析止凭阄书③【17】，典买止凭契书④。或有卤莽，该载不明⑤，公私皆不能决，可不戒哉！间有典买山地，幸其界至有疑，故令元契称说不明⑥，因而包占者，此小人之用心。遇明官司【18】，自正其罪矣。

分析阄书宜详具

分析之家置造阄书，有各人止录己分所得田产者，有一本互见他分者。止录己分，多是内有私曲⑦，不欲显暴，故常多争讼。若互见他分，厚薄肥瘠可以毕见，在官在私，易为折断⑧。

---

① "卤莽"，粗疏。
② "坎"，坑穴。
③ "阄"，《说文解字》卷3《门部》："阄，斗取也。"指通过抓阄方式确定分家产业的一种契约方式。
④ "契书"，契据，契约。
⑤ "该载"，"该"，旧时公文书中，指上文说过的人或事。
⑥ "元契"，原始契据。
⑦ "私曲"，不公正。《管子校释》卷第3《五辅》："故善为政者，田畴垦而国邑实，朝廷闲而官府治，公法行而私曲止，仓廪实而囹圄空，贤人进而奸人退。"
⑧ "折断"，判断。

此外或有宣劳于众①，众分弃与田产；或有一分独薄，众分弃与田产；或有因妻财②、因仕宦置到，来历明白；或有因营运置到，而众不愿分者，并宜于阄书后开具，仍须断约不在开具之数③，则为漏阄，虽分析后，许应分人别求均分。可以杜绝隐瞒之弊，不至连年争讼不决。

寄产避役多后患④

人有求避役者，虽私分财产甚均，而阄书、砧基则妆在一分之内⑤，令一人认役，其他物力低小不须充应⑥。而其子孙有欲执书契而掩有之者，遂兴诉讼。官司欲断从实，则于文有碍；欲以文为断，而情则不然。此皆俗曹初无远见，规避于目

---

① "宣劳"，出力，效命。
② 《名公书判清明集》卷5《户婚门·争业下·妻财置业不系分》："在法：妻家所得之财，不在分限。又法：妇人财产，并同夫为主。"
③ "断约"，约定。
④ 《名公书判清明集》卷5《户婚门·争业下·受人隐寄财产自辄出卖》："在法：诸诈匿减免等第或科配者，以违制论。注谓以财隐寄，或假借户名，及立诡名挟户之类。"
⑤ "砧基"，登载田亩基址的簿书。砧基簿，田产底帐。绍兴经界法规定，人户砧基簿由各户自造，图画田形坵段，标明亩步四至、原系祖产亦或典卖，赴县印押迄，用以凭证。各县亦置砧基簿，以乡为单位，每乡一册，共三本。县、州、转运司各藏一本。(《中国历史大辞典·宋史卷》，第371页）
⑥ "充应"，充差应役。

前，而贻争于身后，可不鉴此。

冒户避役起争之端[①]

人有已分财产而欲避免差役，则冒同宗有官之人为一户籍者，皆他日争讼之端由也。

析户宜早印阄书

县道贪污，遇有析户印阄，则厚有所需。人户惮于所费，皆匿而不印，私自割析。经年既深，贫富不同，恩义顿疏，或至争讼。一以为已分失去阄书，一以为分财未尽，未立阄书。官中从文则碍情，从情则碍文，故多久而不决之患。凡析户之家，宜即印阄书以杜后患。

---

① 《宋刑统校证》卷12《户婚律》六《相冒合户》："【疏】诸相冒合户者，徒贰年；无课役者，减贰等。注云：谓以疏为亲及有所规避者。又云：主司知情，与同罪。【议曰】依《赋役令》，文武职事官叁品以上若郡王期亲及同居大功亲，伍品以上及国公同居期亲，并免课役。既为同居有所蠲免，相冒合户故得徒贰年。"

田产宜早印契割产[1]

人户交易，当先凭牙家索取阄书、砧基，指出丘段围号[19]，就问现佃人有无界至交加，典卖重叠；次问其所亲，有无应分人出外未回，及在卑幼，未经分析。或系弃产，必问其初应与不应受弃。或寡妇、卑子执凭交易，必问其初曾与不曾与勘会[2]。如系转典卖，则必问其元契已未投印，有无诸般违碍，方可立契。如有寡妇、幼子应押契人，必令人亲见其押字，如价贯、年月、四至、亩角，必即书填。应债负货物不可用，必支见钱，取钱必有处所，担钱人必有姓名。已成契后，必即投印，虑有交易在后，而投印在前者。

已印契后，必即离业，虑有交易在后而管业在前者。已离

---

① 《宋会要辑稿》食货61之57："乾兴元年正月，开封府言：'人户典卖庄宅，立契二本，（一本）付钱主，一本纳商税院。年深整会，亲邻争占，多为钱主隐没契书。及问商税院，又检寻不见。今请晓示人户，应典卖、倚当庄宅田土，并立合同契四本：一付钱主，一付业主，一纳商税院，一留本县。'从之。"《宋会要辑稿》食货70之141—142："（绍兴十三年）十月六日，臣僚言：'应民间典卖田产，费执白契因事到官，不问出限，并不收使，据数投纳入官。其前因循未投纳税钱白契，并限五十日自陈投纳。如出限一日，更不展限。'户部看详：'欲依所乞，行下诸路州军出榜晓谕。'从之。"《名公书判清明集》卷5《户婚门·抵当·抵当不交业》："在法；诸典卖田宅并须离业。又诸典卖田宅投印收税者，即当官推割，开收税租。必依此法，而后为典卖之正。"《州县提纲》卷2："田产典卖，须凭印券交业，若券不印及未交业，虽有输纳钞，不足据凭。"

② "勘会"，审核。

业后，必即割税，虑因循不割税而为人告论以致拘没者。官中条令，惟交易一事最为详备，盖欲以杜争端也。而人户不悉，乃至违法交易，及不印契、不离业、不割税，以致重叠交易，词讼连年不决者，岂非人户自速其辜哉①！

邻近田产宜增价买②

凡邻近利害欲得之产，宜稍增其价，不可恃其有亲有邻，

---

① 《宋会要辑稿》食货70之149—150：" （乾道七年，十一月六日，臣僚言）'乞诏有司，应民间交易，并先次令割讫而后税契。凡进产之家，限十日内缴连小契自陈，令本县取索两家砧基赤契，并以三色官簿（系是夏税籍、秋苗簿、物力簿）却经自本县，就令本县主簿对行批凿。如不先经过割，即不许人户投税，仍以牙契一司专隶主簿厅，庶几事权归一，稽察易见。若主簿过割不时及批凿不尽，或已为批凿而一委于胥吏，不复点对稽察者，则不职之罚，以例受制书而违者之罪罪之。如此，则四者之弊一旦可革，而公私俱便矣。'诏敕令所参照见行指挥修立成法，申尚书省施行。"《宋会要辑稿》食货61之67："（乾道）九年十月九日，诏：'逐路常平司行下所属州县，自今交易产业，既已印给官契，仰二家实时各赍干照、砧基簿赴县，以其应割之税，一受一推，书之版簿。仍又朱批官契，该载过割之详。朱批已圆，方得理为交易。如或违戾，异时论诉到官，富豪得产之家虽有契书，即不凭据受理。'从臣僚请也。"
② 《宋刑统校证》卷13《户婚律》二《典卖指当论竞物业门》："应典卖、倚当物业，先问房亲，房亲不要，次问四邻，四邻不要，他人并得交易。亲邻着价不尽，亦任就得价高处交易。如业主、牙人等欺罔邻亲，契帖内虚抬价钱，及邻亲妄有遮吝者，并据所欺钱数与情状轻重，酌量科断。"《名公书判清明集》卷9《户婚门·取赎·有亲有邻在三年内者方可执赎》："准令：诸典卖田宅，四邻所至有本宗缌麻以上亲者，以帐取问，有别户田隔间者，并其间隔古来沟河及众户往来道路之类者，不为邻。又令：诸典卖田宅满三年，而诉以应问邻而不问者，不得受理。"《折狱龟鉴》卷6《核奸·刘沆》："按，卖田问邻，成券会邻，古法也。"

及以典至买及无人敢买，而抏损其价。万一他人买之，则悔且无及，而争讼由之以兴也。

违法田产不可置①

凡田产有交关违条者②，虽其价廉，不可与之交易。他时事发到官，则所费或十倍。然富人多要买此产，自谓将来拼钱与人打官司【20】，此其僻不可救③，然自遗患与患及子孙者甚多。

交易宜著法绝后患④

凡交易必须项项合条，即无后患。不可恃人情契密不为之防⑤，或有失欢，则皆成争端。如交易取钱未尽，及赎产不曾

---

① 《宋刑统校证》卷13《户婚律》—《占盗侵夺公私田》："【疏议曰】依令，田无文牒辄卖买者，财没不追，苗、子及买地之财并入地主。"《名公书判清明集》卷6《户婚门·抵当·以卖为抵当而取赎》："官司理断交易，且当以赤契为主。"
② "交关"，涉及。"违条"，违反法律条款。
③ "僻"，谓为事邪妄不中理。
④ 《名公书判清明集》卷5《户婚门·争业下·争山各执是非当参旁证》："在法：交易只凭契照。"同书同卷《物业垂尽卖人故作交加》："交易有争，官司定夺，止凭契约。"
⑤ "契密"，亲密。

取契之类，宜即理会去着，或即闻官，以绝将来词诉。切戒！切戒！

富家置产当存仁心

贫富无定势，田宅无定主，有钱则买，无钱则卖①。买产之家，当知此理，不可苦害卖产之人②。盖人之卖产，或以阙食，或以负债，或以疾病、死亡、婚嫁、争讼，已有百千之费，则鬻百千之产。若买产之家即还其直，虽转手无留，且可以了其出产欲用之一事。而为富不仁之人，知其欲用之急，则阳距而阴钩之③，以重扼其价④。既成契，则姑还其直之什一二⑤，约以数日而尽偿。至数日而问焉，则辞以未办。又屡问之，或以数缗授之，或以米谷及他物高估而补偿之。出产之家必大窘乏，所得零微，随即耗散，向之所拟以办某事者不复办矣。而往还取索，夫力之费又居其中⑥。彼富家方自窃喜以为善谋，不知天

---

① 由于宋代以来不立田制，土地转换频率极高，宋人对此多有述说。如"千年田换八百主，一人口插几张匙"（《稼轩词编年笺注》卷3《最高楼》）。
② "苦害"，损害。
③ "阳距"，"距"通"拒"，表面上拒绝。"钩"，诱致。
④ "重扼其价"，极力压低价格。
⑤ "姑"，姑且，暂且。
⑥ "夫力"，脚夫。

道好还，有及其身而获报者，有不在其身而在其子孙者①，富家多不之悟，岂不迷哉！

假贷取息贵得中②

假贷钱谷，责令还息，正是贫富相资不可阙者③。汉时有钱一千贯者，比千户侯，谓其一岁可得息钱二百千。比之今时，未及二分。今若以中制论之，质库月息自二分至四分④，贷钱月息自三分至五分。贷谷以一熟论，自三分至五分，取之亦不为虐，还者亦可无词。而典质之家至有月息什而取一者。江西有借钱约一年偿还，而作合子立约者。谓借一贯文，约还两贯文。衢之开化⑤，借一秤禾而取两秤。浙西上户，借一石米而收

---

① 《周易正义》卷1《坤卦·文言》："积善之家，必有余庆；积不善之家，必有余殃。"
② 《宋刑统校证》卷26《杂律》六《受寄财物辄费用》："（【准】杂令）诸公私以财物出举者，任依私契，官不为理。每月取利不得过陆分，积日虽多，不得过壹倍。……又条，诸以粟麦出举，还为粟麦者，任依私契，官不为理。仍以壹年为断，不得因旧本更令生利，又不得回利为本。又条，诸出举，两情和同，私契取利过正条者，任人糺告，本及利物并入糺人。"《庆元条法事类》卷80《杂门·出举债负》："诸以财物出举而回利为本者，杖六十，以威势殴缚取索，加故杀罪三等。……诸以财物出举者，每月取利不得过四厘，积日虽多，不得过一倍。即元借米谷者，止还本色，每岁取利不得过五分。仍不得准折价钱。"
③ "相资"，相互凭借。
④ "质库"，古代押物放款收息的商铺，亦称解库。
⑤ "衢之开化"，衢州开化县，宋代属两浙路。

一石八斗，皆不仁之甚。然父祖以是而取于人，子孙亦复以是而偿于人。所谓天道好还，于此可见。

兼并用术非悠久计

兼并之家，见有产之家子弟昏愚不肖，及有缓急，多是将钱强以借与。或始借之时，设酒食以媚悦其意，或既借之后，历数年不索取。待其息多，又设酒食招诱，使之结转，并息为本，别更生息。又诱勒其将田产折还①。法禁虽严，多是幸免，惟天网不漏②。谚云"富儿更替做"，盖谓迭相酬报也。

钱谷不可多借人

有轻于举债者，不可借与，必是无藉之人③，已怀负赖之意。凡借人钱谷，少则易偿，多则易负。故借谷至百石，借钱至百贯，虽力可还，亦不肯还。宁以所还之资，为争讼之费者多矣。

---

① "折还"，折合归还。
② 《老子校释·德经》七十三章："天网恢恢，疏而不失。"
③ "无藉之人"，无赖汉。

债不可轻举

凡人之敢于举债者，必谓他日之宽余可以偿也。不知今日之无宽余，他日何为而有宽余？譬如百里之路，分为两日行，则两日皆办。若欲以今日之路使明日并行，虽劳苦而不可至。凡无远识之人，求目前宽余而那积在后者①，无不破家也。切宜鉴此！

税付宜预办②

凡有家产，必有税付，须是先截留输纳之资，却将赢余分给日用。岁入或薄，只得省用，不可侵支输纳之资。临时为官中所迫，则举债认息，或托揽户兑纳而高价算还，是皆可以耗

---

① "那积"，即挪积。
② 《宋刑统校证》卷13《户婚律》七《差科赋役不均平及擅赋敛加益》："【疏】诸部内输课税之物违期不充者，以拾分论，壹分笞肆拾，壹分加壹等。【议曰】输课税之物，谓租、调及庸、地租、杂税之类。物有头数，输有期限，而违不充者，以拾分论，一分笞四十。……又云：户主不充者，笞肆拾。【议曰】百姓当户应输课税，依期不充，即笞肆拾，不据分数为坐。"《庆元条法事类》卷47《赋役门一·违欠税租》："诸输税租违欠者，笞四十，递年违欠及形势户杖六十，品官之家杖一百。"

家。大抵曰贫曰俭，自是贤德，又是美称，切不可以此为愧。若能知此，则无破家之患矣。

税付早纳为上

纳税虽有省限，须先纳为安。如纳苗米，若不趁晴早纳，必欲拖后，或值雨雪连日，将如之何？然州郡多有不体量民事，如纳秋米，初时既要干圆，加量又重。后来纵纳湿恶，加量又轻，又后来则折为低价。如纳税绢，初时必欲至厚实者，后来见纳数之少，则放行轻疏，又后来则折为低价。人户及揽子多是较量前后轻重①，不肯抢先送纳，致被县道追扰。惟乡曲贤者自求省事，不以毫末之较遂愆期也②。

造桥修路宜助财力

乡人有纠率钱物以造桥、修路及打造渡航者③，宜随力助

---

① "揽子"，经营包揽代纳赋税的人户。其个人称揽子、揽纳人。以城居的商人、牙侩等为多。税户向揽户交付税物或货币，另给钱物做报酬，由揽户代购税物完纳。（《中国历史大辞典·宋史卷》，第457页）
② "愆期"，过期。
③ "纠率"，纠集率领。

之，不可谓舍财不见获福而不为。且如道路既成，吾之晨出暮归，仆马无疏虞①，及乘舆马过桥渡而不至惴惴者②，皆所获之福也。

营运先存心近厚

人之经营财利，偶获厚息以致富盛者，必其命运亨通，造物者阴赐致此。其间有见他人获息之多，致富之速，则欲以人事强夺天理，如贩米而加以水，卖盐而杂以灰，卖漆而和以油，卖药而易以他物，如此等类，不胜其多。目下多得赢余，其心便自欣然，而不知造物者随即以他事取去，终于贫乏。况又因假坏真以亏本者多矣，所谓人不胜天。

大抵转贩经营，须是先存心地。凡物货必真，又须敬惜，如欲以此奉神明，又须不敢贪求厚利，任天理如何，虽目下所得之薄，必无后患。至于买扑坊场之人③，尤当如此。造酒必极醇厚精洁，则私酤之家自然难售。其间或有私酝④，必审止绝之术，不可挟此打破人家。朝夕存念，止欲趁办官课，养育孥

---

① "疏虞"，疏忽，失误。
② "惴惴"，恐惧貌。《毛诗注疏》卷12《小雅·小宛》："惴惴小心，如临于谷。"
③ "买扑"，又名扑买。宋朝私人向官府承包经营酒坊、河渡、商税场、盐井之类的一种方式。(《中国历史大辞典·宋史卷》，第155页)
④ "私酝"，私人秘密酿酒。

累①，不可妄求厚积及计会司案，拖赖官钱。若命运亨通，则自能富厚。不然，亦不致破荡。请以应开坊之人观之。

起造宜以渐经营

起造屋宇②，最人家至难事。年齿长壮，世事谙历③，于起造一事犹多不悉，况未更事④，其不因此破家者几希。盖起造之时，必先与匠者谋。匠者惟恐主人惮费而不为，则必小其规模，节其费用。主人以为力可以办，锐意为之⑤。匠者则渐增广其规模，至数倍其费，而屋犹未及半。主人势不可中辍，则举债鬻产。匠者方喜兴作之未艾⑥，工镘之益增。

余尝劝人起造屋宇，须十数年经营，以渐为之，则屋成而家富自若。盖先议基址，或平高就下，或增卑为高，或筑墙穿池，逐年渐为之，期以十余年而后成。次议规模之高广，材木之若干，细至椽⑦、桷⑧、篱、壁、竹、木之属，必籍其数，逐

---

① "孥累"，指妻子老小。
② "起造"，建造。
③ "谙历"，熟悉，有经验。
④ "更事"，经历世事。
⑤ "锐意"，意志坚决。
⑥ "未艾"，未尽，未止。
⑦ "椽"，放在檩上架着屋顶的圆木条。
⑧ "桷"，方形的椽条。

年买取，随即斫削，期以十余年而毕备。次议瓦石之多少，皆预以余力积渐而储之。虽就雇之费，亦不取办于仓卒，故屋成而家富自若也。

校勘记

【1】"至不忍楚掠污辱者多"，知不足斋丛书本同，说郛本、宝颜堂秘笈本、《新编居家必用事类全集·乙集》、文渊阁四库全书本、文津阁四库全书本作"至不忍焚毁其屋"。

【2】"盗所快意于劫杀之者"，知不足斋丛书本作"盗所快意于劫杀之家"，说郛本、宝颜堂秘笈本、文渊阁四库全书本、文津阁四库全书本作"凡盗所快意于楚掠侮辱者"。

【3】"若何"，宝颜堂秘笈本、知不足斋丛书本同，《新编群书类要事林广记》庚集卷5、文渊阁四库全书本、文津阁四库全书本作"何及"。

【4】"火之所起"，原作"火从所起"，据宝颜堂秘笈本、知不足斋丛书本、文渊阁四库全书本、文津阁四库全书本改。

【5】"房户"，原作"房火"，据宝颜堂秘笈本、知不足斋丛书本、文渊阁四库全书本、文津阁四库全书本改。

【6】"多妒"，原作"多知"，据宝颜堂秘笈本、《新编群书类要事林广记》庚集卷5、《新编居家必用事类全集·乙集》、知不足斋丛书本、文渊阁四库全书本、文津阁四库全书

本改。

【7】"欲",原作"与",据宝颜堂秘笈本、《新编群书类要事林广记》庚集卷5、文渊阁四库全书本、文津阁四库全书本改。

【8】"待",原作"侍",据宝颜堂秘笈本、知不足斋丛书本、文渊阁四库全书本、《纂图增新群书类要事林广记》乙集卷上、《新编群书类要事林广记》庚集卷5、文津阁四库全书本改。

【9】"离群",原作"离情",据宝颜堂秘笈本、知不足斋丛书本、文渊阁四库全书本、文津阁四库全书本改。

【10】"平宁",原作"不宁",据宝颜堂秘笈本、知不足斋丛书本、文渊阁四库全书本、文津阁四库全书本改。

【11】"言于",原作"令于",据宝颜堂秘笈本、文渊阁四库全书本、文津阁四库全书本改。

【12】"责",原作"贵",据原文朱批、宝颜堂秘笈本、知不足斋丛书本、文渊阁四库全书本、文津阁四库全书本改。

【13】"为之","之"字原漫灭,据宝颜堂秘笈本、《新编居家必用事类全集·乙集》、知不足斋丛书本、文渊阁四库全书本、文津阁四库全书本补。

【14】"爱惜家累","惜"字原脱,据宝颜堂秘笈本、知不足斋丛书本、文渊阁四库全书本、《纂图增新群书类要事林广

记》乙集卷上、《新编群书类要事林广记》庚集卷5、文津阁四库全书本补。

【15】"警此",原作"紧此",据宝颜堂秘笈本、知不足斋丛书本、文渊阁四库全书本、文津阁四库全书本改。

【16】"聚录长茂",宝颜堂秘笈本同,知不足斋丛书本作"聚丛长茂",文渊阁四库全书本、文津阁四库全书本作"蘩绿长茂"。

【17】"阄书",原作"開书",据宝颜堂秘笈本、知不足斋丛书本、文渊阁四库全书本、文津阁四库全书本改。下同,不另出校记。

【18】"官司",宝颜堂秘笈本、《新编群书类要事林广记》庚集卷5、知不足斋丛书本、文津阁四库全书本同,文渊阁四库全书本作"有司"。

【19】"阄号",原作"图号",据宝颜堂秘笈本、知不足斋丛书本、文渊阁四库全书本、文津阁四库全书本改。

【20】"官司",原作"官方",据宝颜堂秘笈本、文渊阁四库全书本、文津阁四库全书本改。

后　序

近世老师宿儒，多以其言集为语录[1]，传示学者[2]，盖欲以所自得者与天下共之也。然皆议论精微，学者所造未至，虽勤诵深思，犹不开悟[3]，况中人以下乎！至于小说、诗话之流，特贤于己，非有裨于名教。亦有作为家训，戒示子孙，或不该详[4]，传焉未广。

采朴鄙好论世俗事[5]，而性多忘，人有能诵其前言而己或不记忆，续以所言私笔之。久而成编，假而录之者颇多，不能遍应，乃锓木以传。昔子思论中庸之道，其始也，夫妇之愚皆可与知，夫妇之不肖皆可能行，极其至妙，则虽圣人亦不能知、不能行，而察乎天地[6]。今若以"察乎天地"者而语诸人，前辈

---

[1] "宿儒"，素有声望的博学之士。
[2] "传示"，留传示知。《颜氏家训集解》卷2《风操》："汝曹生于戎马之闲，视听之所不晓，故聊记录，以传示子孙。"
[3] "开悟"，领悟，理解。
[4] "该详"，完备详尽。
[5] "朴鄙"，质朴粗鄙。此处用作谦辞。《庄子集释》卷4中《外篇·胠箧第十》："焚符破玺，而民朴鄙；掊斗折衡，而民不争。"疏："符玺者，表诚信也。矫诈之徒，赖而用之，故焚烧毁破，可也返还淳而归鄙野矣。"
[6] 《四书章句集注·中庸章句第二十七章》："君子之道，造端乎夫妇；及其至也，察乎天地。"

之语录固已连篇累牍，姑以夫妇之所与知能行者语诸世俗，使田夫野老①、幽闺妇女皆晓然于心目间。人或好恶不同，互是迭非，必有一二契其心者，庶几息争省刑，俗还醇厚，圣人复起，不吾废也。

初，余目是书为《俗训》，府判同舍刘公更曰《世范》，似过其实。三请易之，不听，遂强从其所云[1]。绍熙改元②[2]，长至三衢梧坡袁采书于徽州婺源琴堂③[3]。

校勘记

【1】"遂强从其所云"，知不足斋丛书本同，宝颜堂秘笈本、文渊阁四库全书本作"终当从其旧云"。

【2】"绍熙改元"，知不足斋丛书本同，宝颜堂秘笈本、文渊阁四库全书本作"淳熙己亥上元"。

【3】"长至三衢梧坡袁采书于徽州婺源琴堂"，知不足斋丛书本同，宝颜堂秘笈本、文渊阁四库全书本作"三衢梧坡袁采书于乐清琴堂"。

---

① "野老"，村野老人。
② "绍熙改元"，指宋光宗绍熙元年（1190）。
③ "长至"，指夏至。《礼记集解》卷16《月令第六之二》："（仲夏之月）是月也，日长至，阴阳争，死生分。孔氏曰：长至者，谓日长之至极。""琴堂"，琴室。

附录

附录一　集事诗鉴

增广《世范》诗事序

　　昕闻《诗》之《关雎》，始于厚人伦而可以风天下①。《书》之《尧典》，始于亲九族而可以协万邦②。《易》之《家人》，则曰："正家而天下定。"③《礼》之《大学》，则自齐家而后治国、

---

① 《毛诗注疏》卷1《国风·关雎》："郑氏笺：《关雎》，后妃之德也，《风》之始也，所以风天下而正夫妇也。故用之乡人焉，用之邦国焉。《风》，风也，教也。风以动之，教以化之。诗者，志之所之也。在心为志，发言为诗。情动于中，而形于言。言之不足，故嗟叹之。嗟叹之不足，故永歌之。永歌之不足，不知手之舞之、足之蹈之也。情发于声，声成文，谓之音。治世之音，安以乐，其政和。乱世之音，怨以怒，其政乖。亡国之音，哀以思，其民困。故正得失，动天地，感鬼神，莫近于诗。先王以是经夫妇，成孝敬，厚人伦，美教化，移风俗。"
② 《尚书集传》卷1《虞书·尧典》："曰若稽古帝尧，曰放勋，钦、明、文、思、安安，允恭克让，光被四表，格于上下。克明俊德，以亲九族。九族既睦，平章百姓。百姓昭明，协和万邦，黎民于变时雍。"
③ 《周易正义》下经咸传卷4："家人，女正位乎内，男正位乎外。男女正，天地之大义也。家人有严君焉，父母之谓也。父父，子子，兄兄，弟弟，夫夫，妇妇，而家道正。正家而天下定矣。"

平天下①。微乎，一家之法大哉！万化之源也。尧舜惟曰："孝悌之道。"王季惟曰："因心之友。"文王惟曰："刑寡妻至兄弟以御家邦。"②此道不明，人伪滋炽，父子之属，形借锄之德色。兄弟之伦，愤豆萁之相煎③。衣冠辈流，覆车莫戒④，闾阎编户，敝将若何？稽诸史牒，有先贤所可喜之节，匹妇所可传之事，厘为三十条，名《诗事集鉴》。

人惟有所鉴，则有所戒，无所鉴则冥行翳路，投足荆榛，竟不知所向如何也。近代家训所传如房元龄集古今家诫为屏风，令其子孙各取一具⑤。穆宁撰家令训诸子，人一通⑥。柳玭

---

① 《四书章句集注·大学章句》："古之欲明明德于天下者，先治其国；欲治其国者，先齐其家；欲齐其家者，先修其身；欲修其身者，先正其心；欲正其心者，先诚其意；欲诚其意者，先致其知；致知在格物。物格而后知至，知至而后意诚，意诚而后心正，心正而后身修，身修而后家齐，家齐而后国治，国治而后天下平。自天子以至于庶人，壹是皆以修身为本。"注："正心以上，皆所以修身也。齐家以下，则举此而措之耳。"
② 《孟子正义》卷3《梁惠王上》："《诗》云：'刑于寡妻，至于兄弟，以御于家邦。'言举斯心加诸彼而已。"注："诗，《大雅·思齐》之篇也。刑，正也。寡，少也。言文王正己适妻，则八妾从人，以及兄弟。御，享也。享天下国家之福，但举己心加于人耳。"
③ "豆萁"，豆秸。典出三国曹植《七步诗》："煮豆燃豆萁，豆在釜中泣。本是同根生，相煎何太急。"喻兄弟手足相残。
④ "覆车"，翻车，喻失败的教训。
⑤ "房元龄"，即房玄龄（579—648），齐州临淄人，唐初名臣。宋人避宋真宗追尊的赵姓始祖赵玄朗（圣祖）讳改。《新唐书》卷96《房玄龄传》："治家有法度，常恐诸子骄侈，席势凌人，乃集古今家诫，书为屏风，令各取一具，曰：'留意于此，足以保躬矣！汉袁氏累叶忠节，吾心所尚，尔宜师之。'"
⑥ 穆宁（716—794），怀州河内人，唐初名臣。《新唐书》卷163《穆宁传》："宁居家严，事寡姊恭甚。尝撰家令训诸子，人一通。又戒曰：'君子之事亲，养志为大，吾志直道而已。苟枉而道，三牲五鼎非吾养也。'"

述家训以戒子孙，几三百言①。肆今所集之训，皆引古而列于后，亦指事而赋之诗，其词浅切不为艰深，庶几智愚不肖皆可以取信，后之遵道而行者，可以弗畔矣！夫莆阳吏隐方昕景明序②。

---

① 柳玭，柳公权后人，撰有《柳氏家训》（1卷）。
② "莆阳"，今福建莆田。"吏隐"，古人以官职低微而自称，言隐于下位。

目录

【一】子之于父当鉴顾恺

【二】子之于母当鉴陈遗

【三】父之于子当鉴刘商邓禹

【四】母之于子当鉴王珪母李氏

【五】孙之于祖父当鉴张元

【六】孙之于祖母当鉴刘商

【七】子之于继母当鉴王延

【八】子之在官无贻父母之忧当鉴陶侃陈尧咨

【九】子之在家宜安父母之贫当鉴韩康伯[1]

【十】弟妹之于兄姊当鉴孔融李勋

【十一】兄姊之于弟妹当鉴虞延[2]贾逵

【十二】兄弟异母当鉴王祥王览

【十三】兄弟分财当鉴薛包李孟元

【十四】夫之于妇当鉴何曾

【十五】妇之于夫当鉴乐羊子之妻

【十六】妇之于姑当鉴姜诗之妻

【十七】妇翁之于婿当鉴张宣子

【十八】叔母之于侄当鉴任氏

【十九】伯父之于侄女当鉴刘平

【二十】叔之于嫂当鉴颜含马援

【廿一】叔之于侄当鉴郗鉴谢安

【廿二】侄之于叔当鉴王济

【廿三】娣之于姒当鉴钟氏郝氏

【廿四】内外兄弟当鉴皇甫谧

【廿五】甥舅恩义当鉴羊祜[3]

【廿六】同居当鉴张公艺

【廿七】邻居当鉴王吉

【廿八】独居当鉴鲁男子

【廿九】贫贱则励固穷之操当鉴谢侨

【三十】富贵则防席势之骄当鉴房元龄穆宁[4]柳玭

校勘记

【1】"韩康伯",原作"李康伯",据知不足斋丛书本及本条正文改。

【2】"虞延",原作"卢延",据《后汉书》卷33《虞延传》改。下同,不另出校记。

【3】"羊祜",原作"羊祐",据本条正文改。

【4】"穆宁"二字原脱,据知不足斋丛书本及本条正文标题补。

集事诗鉴

【一】子之于父当鉴顾恺

顾恺每得父书①，常扫几筵②，舒书于上，拜跪读之。每句应喏毕③，复再拜。若父有疾耗之问，即临书垂泣，语声哽咽。恺之为子也，得父书而敬孝，爱孝之心两存。使恺承颜于朝夕，其孝行必有可观者。推是心以往。其事君亦然。

诗

孝敬真情切蓼莪④，此书那抵万金多。

庭闱侍远恭如许⑤，想得承颜更若何。

---

① "顾恺"，疑应作"顾悌"。《三国志》卷52《吴书·顾雍传》裴注引《吴书》："雍族人悌，字子通，以孝悌廉正闻于乡党。……悌父向历四县令，年老致仕，悌每得父书，常洒扫，整衣服，更设几筵，舒书其上，拜跪读之，每句应诺，毕，复再拜。若父有疾耗之问至，则临书垂涕，声语哽咽。父以寿终，悌饮浆不入口五日。"
② "几筵"，犹几席，乃祭祀的席位。
③ "应诺"，答应。"诺"，应辞也。
④ "蓼莪"，见《毛诗注疏》卷13《小雅》："《蓼莪》，刺幽王也。民人劳苦，孝子不得终养尔。"孔疏："不得终养，卒章卒句是也。其余皆是孝子怨不得终养之辞。"后因以蓼莪指对亡亲的悼念。
⑤ "庭闱"，《文选》卷19《补亡诗》："循彼南陔，言其采兰。眷恋庭闱，心不遑安。"原注：庭闱，亲之所居。

【二】子之于母当鉴陈遗①

陈遗之母好食铛底焦饭②。遗作郡主簿，常装一囊。每煮食辄贮焦饭以遗母③。后值孙恩贼出吴郡④，其时袁府君西征⑤，遗已聚得数斗焦饭，未及归家，即带以从军。战败，军溃，逃走山泽，遗独以焦饭得免。时人以为纯孝之报。子之孝于其母，岂有望报之理。及患难之临乎前，乃得遗母之饭以自活，良由孝心一萌，神明已自彰著，可不敬哉！

诗

孝行何心影响推，神明偏为孝扶持。

我知焦饭频供母，那识危中疗我饥。

【三】父之于子当鉴刘商邓禹

刘商有子七人，各受一经。一门之内，七业俱成。⑥

---

① 《世说新语笺疏》卷上之上《德行第一》："吴郡陈遗，家至孝，母好食铛底焦饭。遗作郡主簿，恒装一囊，每煮食，辄贮录焦饭，归以遗母。后值孙恩贼出吴郡，袁府君即日便征，遗已聚敛得数斗焦饭，未展归家，遂带以从军。战于沪渎，败。军人溃散，逃走山泽，皆多饥死，遗独以焦饭得活。时人以为纯孝之报也。"
② "铛"，平底浅锅。
③ "贮"，贮藏，储藏。
④ "孙恩贼"，指东晋五斗米道首领孙恩（？—402）。隆安三年（399），孙恩率众起兵反晋，后失败投海自杀，余众由其妹夫卢循领导，世称"孙恩卢循之乱"。
⑤ "袁府君"，指袁山松（？—401），陈郡阳夏（今河南太康）人，孙恩作乱，死之。《晋书》卷10《安帝纪》："（隆安五年）夏五月，孙恩寇吴国，内史袁山松死之。"
⑥ "刘商"，即刘殷，宋人避宋太祖赵匡胤父亲宣祖赵殷讳改。下同，不另出校勘记。《晋书》卷88《刘殷传》："刘殷字长盛，新兴人也。……有七子，五子各授一经。一子授《太史公》，一子授《汉书》，一门之内，七业俱兴，北州之学，殷门为盛。竟以寿终。"

邓禹有子十三人，使各守一艺，教养子孙为后世法。①

今之习俗，多以生男为喜，日望一日，无所成就。其原失于素无绳墨约束②，虽悔何追。韩退之远其子于城南，作诗以警之。必以年至十二三为虑，以至二十三十而贤不肖决矣③。有父如刘商、邓禹，何忧乎哉！

诗

俗喜生男复患多，龙猪一判奈身何。

早分经艺为家检，有石虽顽亦可磨。

【四】母之于子当鉴王珪母李氏④

李氏尝谓人曰："吾儿必贵，未知所与游者何如人？"异日，房元龄⑤、杜如晦到其家。李惊喜曰："二客公辅才，汝贵不疑！"自孟母择邻之后，无复有贤德之母光于史牒。珪母乃以交游之贤，卜知其子之贵。噫！知子莫若父，未闻有母之知

---

① 《后汉书》卷16《邓禹传》："有子十三人，各使守一艺。修整闺门，教养子孙，皆可以为后世法。"

② "绳墨"，规矩，准则。

③ 《韩昌黎诗系年集释》卷9《符读书城南》："两家各生子，提孩巧相如，少长聚嬉戏，不殊同队鱼。年至十二三，头角稍相疏。二十渐乖张，清沟映污渠。三十骨骼成，乃一龙一猪，飞黄腾踏去，不能顾蟾蜍。一为马前卒，鞭背生虫蛆。一为公与相，潭潭府中居。问之何因尔？学与不学欤！"

④ 《新唐书》卷98《王珪传》："始，隐居时，与房玄龄、杜如晦善，母李尝曰：'而必贵，然未知所与游者何如人，而试与偕来。'会玄龄等过其家，李窥大惊，敕具酒食，欢尽日，喜曰：'二客公辅才，汝贵不疑。'"

⑤ "房元龄"，即"房玄龄"，避宋讳改。

子也,异哉!

本朝苏参政易简之母召入禁中。太宗问曰:"何以教子,遂成令器?"对曰:"幼则速于礼逊,长则教以诗书。"上顾左右曰:"今之孟母也,非此母不生此子。"赐白金千两。①

王母知其子以交游,苏母教其子以礼逊,其成功一也。母之教子,所可能也;母之知子,为难能也,故作李氏之歌。

诗

有母谁知有子贤,择交何止择邻迁。

才如杜房难窥际,李氏惊看独了然。

【五】孙之于祖父当鉴张元②

张元年十六,其祖丧明三年,元常忧泣,昼夜读佛经,礼拜以祈福佑。后读《药师经》③,见"盲得视"之言,遂请七僧燃七灯七日七夜,转《药师经》行道。其夜,梦见一老翁,以

---

① 《东都事略》卷35《易易简传》:"易简之执政也,太宗召其母薛氏入禁中,赐宝冠、霞帔,命坐。问曰:'何以教子?'对曰:'幼则束以礼义,长则训以诗书。'太宗叹曰:'真孟母也。'赐白金千两。"

② 《周书》卷46《张元传》:"元年十六,其祖丧明三年,元恒忧泣,昼夜读佛经,礼拜以祈福佑。后读《药师经》,见盲者得视之言,遂请七僧,然七灯,七日七夜,转《药师经》行道。每言:'天人师乎!元为孙不孝,使祖丧明。今以灯光普施法界,愿祖目见明,元求代闇。'如此经七日。其夜,梦见一老公,以金鎞治其祖目。谓元曰:'勿忧悲也,三日之后,汝祖目必差。'元于梦中喜跃,遂即惊觉,乃遍告家人。居三日,祖果目明。"

③ 《药师琉璃光如来本愿功德经》:"第六大愿。愿我来世得菩提时,若诸有情,其身下劣诸根不具。丑陋、顽愚、盲、聋、喑哑、挛躄、背偻、白癞、颠狂,种种病苦,闻我名已一切皆得端正黠慧,诸根完具,无诸疾苦。"

金篦疗其祖目,于梦中喜跃惊觉,遍告家人。三日,祖目果明,乡里咸叹异之[1]。

末俗之为子者①,未必能亲尝汤药于其父母,谁能至诚迫切疗疾于其祖乎?

诗

纵有金篦入梦来,盲精惟藉孝诚开。

药师经在人能读,昼夜精神哭几回。

【六】孙之于祖母当鉴刘商②

祖母王氏盛冬思芹而不言,刘商知之。时年九岁,乃恸哭泽中,声不绝者半日。忽若有人云"止,止声"。方拭泪间,忽有芹生于地,得斛余以归。孩提之童,谁无父母之爱,又谁无祖母抚摩之恩?当思芹不言之时,虽少壮者承颜左右,而未必知。纵知之而谁为泽中之哭?刘商九岁乃如是耶!

商自哭芹之后,梦人谓之曰:"西篱下有粟。"寤而掘之,得粟十五钟。铭曰:"七年粟百石,以赐孝子刘商。"自是食

---

① "末俗",世俗之人,平庸之人。
② 《晋书》卷88《刘殷传》:"殷七岁丧父,哀毁过礼,丧服三年,未曾见齿。曾祖母王氏,盛冬思堇而不言,食不饱者一旬矣。殷怪而问之,王言其故。殷时年九岁,乃于泽中恸哭,曰:'殷罪衅深重,幼丁艰罚,王母在堂,无旬月之养。殷为人子,而所思无获,皇天后土,愿垂哀悯。'声不绝者半日,于是忽有人云:'止,止声。'殷收泪视地,便有堇生焉,因得斛余而归,食而不减,至时,堇生乃尽。又尝夜梦人谓之曰:'西篱下有粟。'寤而掘之,得粟十五钟,铭曰'七年粟百石,以赐孝子刘殷'。自是食之,七载方尽。"

之，七载方尽。孙之孝事祖母，其感应有如是，可不念哉！

诗

九岁婴孩方聚嬉，谁从祖母荐甘肥。

盛寒岂是多芹候，天与刘商斛粟归。

【七】子之于继母当鉴王延[①]

王延事后母，夏扇枕席，冬以身温被。母爱鱼，求不得，杖之流血。延叩冰而哭，忽有鱼长五尺，跃出。母食之不尽，于是抚之如己子。事有不幸而遭继母之嚚者[②]，其子能进食于善，不以杖之为酷，而以吾之爱心为重。虽神明亦且应感，况人乎！杖我者，所以责望我者也，此其所以为王延。

诗[③]

母无先后色为难[④]，起孝须从至性看。

受杖不妨流血惨，叩冰惟以得鱼欢。

---

① 《晋书》卷88《王延传》："王延字延元，西河人也。九岁丧母，泣血三年，几至灭性。每至忌日，则悲啼至旬。继母卜氏遇之无道，恒以薄糠及败麻头与延贮衣。其姑闻而问之，延知而不言，事母弥谨。卜氏尝盛冬思生鱼，敕延求而不获，杖之流血。延寻汾叩凌而哭，忽有一鱼长五尺，踊出水上，延取以进母。卜氏食之，积日不尽，于是心悟，抚延如己生。延事亲色养，夏则扇枕席，冬则以身温被，隆立盛寒，体无全衣，而亲极滋味。昼则佣赁，夜则诵书，遂究览经史，皆通大义。州郡礼辟，贪供养不起。父母终后，庐于墓侧，非其蚕不衣，非其耕不食。"
② "嚚"（yín），暴虐。
③ 韩应陛评曰：假如父母止有一子，卧冰求鱼，或至冻死，以绝宗祧。虽至性所发，冻死反滋不孝。当取其心，母取其行乃可。
④ 《论语集释》卷3《为政上》："子夏问孝。子曰：'色难。有事，弟子服其劳；有酒食，先生馔，曾是以为孝乎？'"集解：包曰："色难，谓承顺父母颜色乃为难也。"集注：色难，谓事亲之际，惟色为难也。

【八】子之在官无贻父母之忧当鉴陶侃陈尧咨

陶侃少为县吏，监鱼梁，以鲊遗母。谌氏封鲊责之曰："尔以官物遗我，不能益我，乃增吾忧尔！"①

陈尧咨知制诰，出守荆南回，其母何氏问曰："古人居一郡一道，必有异政。汝典名藩，有何异效？"尧咨曰："荆州路当冲要，郊劳宴饯，迨无虚日，然稍精于射，众无不服。"何氏曰："汝父训汝以忠孝，俾辅国家，今不务仁政善化，而专卒伍一夫之伎，岂汝先人之意耶！"以杖击之，金鱼坠地。②二母之望其子者，不在利达贵显，而在身名事业贤矣哉！

诗

谁知母道是严君，易象家人备戒云。

为叹断机风教泯，谌何此训亦堪闻。

---

① 《世说新语笺疏》卷下之上《贤媛第十九》："陶公少时，作鱼梁吏，尝以坩鲊饷母。母封鲊付使，反书责侃曰：'汝为吏，以官物见饷，非唯不益，乃增吾忧也。'"

② 《渑水燕谈录》卷9《杂录》："陈尧咨善射，百发百中，世以为神，常自号曰小由基。及守荆南回，其母冯夫人问：'汝典郡有何异政？'尧咨云：'荆南当要冲，日有宴集，尧咨每以弓矢为乐，坐客罔不叹服。'母曰：'汝父教汝以忠孝辅国家，今汝不务行仁化而专一夫之伎，岂汝先人志邪！'杖之，碎其金鱼。"《东都事略》卷44《陈尧咨传》："尧咨善射，知荆南时，母冯氏问曰：'古人居一郡一邑，必有异政。汝典郡，有何治效？'尧咨曰：'荆南当冲要，郊劳宴饯殆无虚日。然稍精于射，众无不服。'冯氏曰：'汝父训汝以忠孝，俾辅国家。今不务仁政善化，而专卒伍一夫之技，岂汝先人之意邪！'杖而击之。"

【九】子之在家宜安父母之贫当鉴韩康伯①

韩康伯年数岁，至大寒，母商氏令康伯捉熨斗，而谓之曰："且著襦②，寻当作复裤③。"康伯曰："不复须。"母问其故。对曰："火在斗中而柄热，今既著襦，下亦当暖。"母甚异之，其舅商浩称其有出群之器，后官至太常。

子之生于亲之膝下，岂不知家之有无。世俗所谓不肖子，假儒衣冠，浮浪城阙④，多出于豪家贵胄，奈何贫家之子亦复有长袖博带者，曾不恤父母劬劳之外⑤，攻苦食淡⑥。商氏之爱其子，既着襦矣，将继之以复裤，此亦料理寒具之常者。康伯在童儿岁惧其母念之深，借斗柄以自喻，盖所以安母之心也。知有母不知有身，其惟康伯乎！

诗

亲在谁能不有身，我生忧母不忧贫。

寒襦盖体粗为尔，似此儿曹今几人。

---

① 《世说新语笺疏》卷中之下《夙慧第十二》："韩康伯数岁，家酷贫，至大寒，止得襦。母殷夫人自成之，令康伯捉熨斗，谓康伯曰：'且著襦，寻作复裈。'儿云：'已足，不须复裈也。'母问其故？答曰：'火在熨斗中而柄热，今既著襦，下亦当暖，故不须耳。'母甚异之，知为国器。"
② "著"，同"着"，穿着。"襦"，短衣，短袄。
③ "复裤"，夹棉絮的夹裤。
④ "城阙"，城市。
⑤ "劬（qú）劳"，劳苦，劳累。《毛诗注疏》卷13《小雅·蓼莪》："哀哀父母，生我劬劳。"
⑥ "攻苦食淡"，形容生活艰苦。

【十】弟妹之于兄姊当鉴孔融李勣

孔融年四岁,与兄食梨而辄取小者。人问其故,答曰:"小儿法当取小者。"①

李勣以姊病亲为煮粥,回风爇其须②。姊曰:"仆妾幸多,何苦如是?"勣曰:"姊老勣亦老,虽欲久为煮粥,其可乎!"③

幼而四岁,知有兄之尊;老而公爵,知有姊之奉,过人远矣。

诗

兄姊常尊众所同,幼谁悌顺老谁恭?

孔融李勣今亡矣,我读遗书为敛容。

【十一】兄姊之于弟妹当鉴虞延贾逵

虞延遭王莽之乱,有从妹年在孩乳,其母不能活之,弃于沟中,延哀而收养之,遂至成人。④

---

① 《世说新语笺疏》上卷上《言语第二》:"融别传曰:融四岁,与兄食梨,辄引小者。人问其故,答曰:'小儿,法当取小者。'"《后汉书》卷70《孔融传》李贤注引《融家传》曰:"兄弟七人,融第六,幼有自然之性。年四岁时,每与诸兄共食梨,融辄引小者。大人问其故,答曰:'我小儿,法当取小者。'由是宗族奇之。"
② "爇"(ruò),烧。
③ 《隋唐嘉话》上:"英公虽贵为仆射,其姊病,必亲为粥,釜燃辄焚其须。姊曰:'仆妾多矣,何为自苦如此?'勣曰:'岂为无人耶!顾今姊年老,勣亦年老,虽欲久为姊粥,复可得乎?'"
④ 《后汉书》卷33《虞延传》:"虞延字子大,陈留东昏人也。……王莽末,天下大乱,延常婴甲胄,拥卫亲族,扞御钞盗,赖其全者甚众。延从女弟年在孩乳,其母不能活之,弃于沟中,延闻其号声,哀而收之,养至成人。"

贾逵年五岁，其姊闻邻家读书，逐日抱逵听之。逵年六岁，乃暗诵六经，姊之力也。①

活从妹则易，收之孩乳则难；养幼弟则易，抱之听读则难。如是恩爱，不可以常理论也。

诗

爱妹人皆有至情，谁从沟壑活余生。

更看幼弟为难养，有姊能令学业精。

【十二】兄弟异母当鉴王祥王览②

王祥弟览，继母朱氏遇祥无道，览见祥被挞，辄流涕抱杖。及长，谏母少止[2]。使祥非理，览亦与焉，朱意乃止。

天之生物，使之一本，如曰二本，是违天也。祥、览虽异母，而兄弟无二本。是以览之名虽亚于祥，而孝友根于天性。祥位至三公，览至光禄大夫。览奕世多贤才兴于江左③，得非余庆至此耶？

---

① 《拾遗记》卷6《后汉》："贾逵年五岁，明惠过人。其姊韩瑶之妇，嫁瑶无嗣而归居焉，亦以贞明见称。闻邻中读书，旦夕抱逵隔篱而听之。逵静听不言，姊以为喜。至年十岁，乃暗诵《六经》。姊谓逵曰：'吾家贫困，未尝有教者入门，汝安知天下有《三坟》、《五典》而诵无遗句耶？'逵曰：'忆昔姊抱逵于篱间听邻家读书，今万不遗一。'乃剥庭中桑皮以为牒，或题于扉屏，且诵且记。期年，经文通遍。于闾里每有观者，称云振古无伦。"

② 《晋书》卷33《王览传》："览字符通，母朱遇祥无道，览年数岁，见祥被楚挞，辄涕泣抱持。至于成童，每谏其母，其母少止凶虐。朱屡以非理使祥，览辄与祥俱。又虐使祥妻，览妻亦趋而共之，朱患之，乃止。"

③ "奕世"，累世，一代接一代。

诗

母嚚弟傲舜尤难，祥览相须尚可安。

自古圣贤多不幸，只留名教后人看。

【十三】兄弟分财当鉴薛包李孟元

薛包好学有行，弟求分财异居，包不能止，乃中分其财。奴婢取老弱者，曰："我共事久矣。"田园取其荒者，曰："吾少所理，意所恋也。"器物取朽损者，曰："素所服，身口所安也。"①

李孟元性恭顺，与叔子就同居。就有痼疾②，孟元推所有田园，悉以逊就，夫妇纺绩日给。③

嗟乎！分异之事，古人所难言也，末俗安之，恬不知怪。有能于区分之际，自取其不如意者，亦复逊其所有以自劳苦者④，非有至德绝俗辈，未可以语是也。

---

① 《颜氏家训集解》卷1《后娶第四》："既而弟子求分财异居，包不能止，乃中分其财：奴婢引其老者，曰：'与我共事久，若不能使也。'田庐取其荒顿者，曰：'吾少时所理，意所恋也。'器物取其朽败者，曰：'我素所服食，身口所安也。'弟子数破其产，还复赈给。"
② "痼疾"，积久难治的病。
③ 《初学记》卷17《人部上》："陈寿《益部耆旧传》曰：李孟元修《易》《论语》，大义略举，质性恭顺。与叔子就同居，就有痼疾，孟元推所有田园，悉以让就。夫妇纺绩，以自供给。"
④ "逊"，退让。

诗

朴俗凋零谁忍闻，古人何处有区分？

就如李薛犹难到，叔世相寻以斧斤①。

【十四】夫之于妇当鉴何曾

何曾位至三公，闺门整肃，自少及长，无声乐嬖幸之好。与妻相见，正衣冠，相待如宾，己南面，妻北面，再拜上酒，而酬酢之礼行焉。②曾虽华侈过度，性实至孝，尝面折阮籍居丧无礼于文帝之前，以为"污染华夏，宜摈四裔"【3】。③其节行亦可嘉，又复以宾礼行乎夫妇，虽老而谨，其视晋朝漫灭典礼为如何。《孟子》曰："身不行道，不行于妻子；使人不以道，不能行于妻子。"④曾亦有道君子焉！

---

① "叔世"，衰乱的时代。《春秋左传集解》第21："周有乱政而作《九刑》，三辟之兴，皆叔世也。"

② 《晋书》卷33《何曾传》："曾性至孝，闺门整肃，自少及长，无声乐嬖幸之好。年老之后，与妻相见，皆正衣冠，相待如宾。己南向，妻北面，再拜上酒，酬酢既毕便出。一岁如此者不过再三焉。"

③ 何曾折阮籍，见于《晋书》卷33《何曾传》："时步兵校尉阮籍负才放诞，居丧无礼。曾面质籍于文帝座曰：'卿纵情背礼，败俗之人，今忠贤执政，综核名实，若卿之曹，不可长也。'因言于帝曰：'公方以孝治天下，而听阮籍以重哀饮酒食肉于公座。宜摈四裔，无令污染华夏。'帝曰：'此子羸病若此，君不能为吾忍邪！'曾重引据，辞理甚切。帝虽不从，时人敬惮之。"

④ "孟子曰"文字，见于《孟子正义》卷28《尽心下》："孟子：'身不行道，不行于妻子；使人不以道，不能行于妻子。'"注："身不自履行道德，而欲使人行道德，虽妻子不肯行之。言无所则效也。使人不顺其道理，不能使妻子顺之，而况他人乎。"

诗

百年伉俪在苹蘩①,礼法须从我辈看。

谁道晋人多旷诞②,何曾独解整衣冠。

【十五】妇之于夫当鉴乐羊子之妻③

乐羊子游学一年而归,妻跪问其故。羊子曰:"久行怀思,无异也。"妻乃引刀,趋而言曰:"此织生自蚕茧,成于机杼。一丝而累,至寸不已,遂成丈匹。夫子积学,当日知其所亡,以就懿德,若中道而归,何异断斯织乎!"羊子感其言,复还终业,遂七年不反。

妇人何所知见,而能以学业责成其夫如此?其后,妻以贼劫,又能身死以全其姑。嗟乎!正节大义与寒霜烈日争严,不出于丈夫而出于妇人也。

诗

机断何殊学半途,妇人以此勉其夫。

一生节义寒冰凛,宁殒微躯活我姑。

---

① "苹蘩",《诗·召南》有《采苹》《采蘩》二篇。后用苹蘩指婚仪。
② "旷诞",旷达无拘束。
③ 《后汉书》卷84《乐羊子妻》:"河南乐羊子之妻者,不知何氏之女也。……(乐羊子)远寻师学,一年来归。妻跪问其故。羊子曰:'久行怀思,无它异也。'妻乃引刀趋机而言曰:'此织生自蚕茧,成于机杼,一丝而累,以至于寸,累寸不已,遂成丈匹。今若断斯织也,则捐失成功,稽废时日。夫子积学,当日知其所亡,以就懿德。若中道而归,何异断斯织乎?'羊子感其言,复还终业,遂七年不返。……后盗欲有犯妻者,乃先劫其姑。妻闻,操刀而出。盗人曰:'释汝刀从我者可全,不从我者,则杀汝姑。'妻仰天而叹,举刀刎颈而死。盗亦不杀其姑。太守闻之,即捕杀贼盗,而赐妻缣帛,以礼葬之,号曰'贞义'。"

【十六】妇之于姑当鉴姜诗之妻①

姜诗事母至孝,其妻奉顺尤谨。妻尝溯流取江水以奉姑,诗以后时而遣之。妻乃寄止邻舍,昼夜纺绩,日市珍羞,使邻母自遗其姑。如是者久之,姑感惭,呼还。养愈谨。其子后因汲水溺死,妻恐姑哀伤,不敢言,而托以游学。未几,舍侧涌泉,味如江水,每旦辄跃双鲤以供姑之膳。赤眉贼过诗里②,弛兵过曰:"惊大孝必触鬼神。"

妇之孝于其姑,是亦理之常,谁知姜诗之妻以取水后时而见逐,乃安心邻舍而事姑之礼尤谨,又谁能命?其子取水而溺死,乃语其姑以游学,惟恐哀伤,此皆古今所未尝闻之事。是宜盗亦有道,而曰"惊大孝必触鬼神"也。

诗

姜妇真心世所无,孝诚极处可惊吁。

子残身逐浑闲事,直要甘泉日养姑。

---

① 《后汉书》卷84《姜诗妻》:"广汉姜诗妻者,同郡庞盛之女也。诗事母至孝,妻奉顺尤笃。母好饮江水,水去舍六七里,妻常溯流而汲。后值风,不时得还,母渴,诗责而遣之。妻乃寄止邻舍,昼夜纺绩,市珍羞,使邻母以意自遗其姑。如是者久之,姑怪问邻母,邻母具对。姑感惭呼还,恩养愈谨。其子后因远汲溺死,妻恐姑哀伤,不敢言,而托以行学不在。姑嗜鱼会,又不能独食,夫妇常力作供会,呼邻母共之。舍侧忽有涌泉,味如江水,每旦辄出双鲤鱼,常以供二母之膳。赤眉散贼经诗里,弛兵而过,曰:'大孝入朝,凡诸举者一听平之。'由是皆拜郎中。诗寻除江阳令,卒于官。所居治,乡人为立祠。"

② "赤眉贼",指王莽新朝末年琅琊人樊崇、东莞人逢安、临沂人徐宣等领导的农民暴动,为区分敌我,将眉毛染成红色,故称赤眉军。

【十七】妇翁之于婿当鉴张宣子[①]

张宣子家富于财,欲以女妻同郡刘商。其妻怒曰:"我女年始十四,姿识如此,何虑不得为公侯妃,而遽以妻刘商乎!"宣子曰:"非尔所及也。"诫其女曰:"刘商至孝冥感,兼才识超世,此人终当远达,为世名公,汝其谨事之。"张氏性亦婉顺,事王母以孝闻。时司空齐王攸辟商为掾[②],征南将军羊祜[4]召参军事[③],宣子亦劝商就辟。商曰:"王母在堂,一就辟命,当尽臣礼,便不得就养。"宣子曰:"如子所言,岂庸人所识哉!"宣子一喜其言而妻之以女。

---

① 《晋书》卷88《刘殷传》:"弱冠,博通经史,综核群言,文章诗赋靡不该览,性倜傥,有济世之志,俭而不陋,清而不介,望之颓然而不可侵也。乡党亲族莫不称之。郡命主簿,州辟从事,皆以供养无主,辞不赴命。司空、齐王攸辟为掾,征南将军羊祜召参军事,皆以疾辞。同郡张宣子,识达之士也,劝殷就征。殷曰:'当今二公,有晋之栋楹也。吾方希达如橡椽耳,不凭之,岂能立乎!吾今王母在堂,既应他命,无容不竭尽臣礼,使不得就养。子舆所以辞大夫,良以色养为主故耳。'宣子曰:'如子所言,岂庸人所识哉!而今而后,吾子当为吾师矣。'遂以女妻之。宣子者,并州豪族也,家富于财,其妻怒曰:'我女年始十四。姿识如此,何虑不得为公侯妃,而遽以妻刘殷乎!'宣子曰:'非尔所及也。'诫其女曰:'刘殷至孝冥感,兼才识超世,此人终当远达,为世名公,汝其谨事之。'张氏性亦婉顺,事王母以孝闻,奉殷如君父焉。及王氏卒,殷夫妇毁瘠,几至灭性,时柩在殡而西邻失火,风势甚盛,殷夫妇叩殡号哭,火遂越烧东家。后有二白鸠巢其庭树,自是名誉弥显。"

② "司空齐王攸",指晋武帝司马炎的弟弟司马攸(248—283),字大猷。西晋建立后封齐王,咸宁二年(276),封司空,兼领侍中、太子太傅。"掾",原为佐助之义,后通称副官佐贰为掾。

③ 羊祜(221—278),字叔子,泰山南城人,出身名门士族,是中国古代著名的战略家、文学家。为人博学能文,清廉正直。咸宁二年(276)十月,封为征南大将军、开府仪同三司。《晋书》卷34有传。

莫大乎宣子之见也。"妇翁冰清"、"女婿玉润",皆晋人浮夸等语①,不足为刘商道,亦非宣子之所乐闻也。

诗

衿帨从人若可依②,东床何必数羲之③。
要令我女供苹藻④,不嫁刘商外更谁。

【十八】叔母之于侄当鉴任氏⑤

皇甫谧年二十⑥,不好学,游荡无度。尝得瓜来进叔母任

---

① 《世说新语笺疏》卷上之上《言语第二》:"《玠别传》:玠颖识通达,天韵标令……娶乐广女。裴叔道曰:'妻父有冰清之姿,婿有璧润之望,所谓秦晋之匹也。'"
② "衿帨",古代男女系于衣带上用于佩饰的小囊。《仪礼注疏》卷6《士昏礼》:"母施衿结帨,曰:'勉之敬之,夙夜无违宫事。'注:'帨,佩巾。'庶母及门内,施鞶,申之以父母之命,命之曰:'敬恭听,宗尔父母之言。夙夜无愆,视诸衿鞶。'"注:"鞶,鞶囊也。男鞶革,女鞶丝,所以盛帨巾之属,为谨敬。"后以"衿鞶"用作敬奉公婆的典实。
③ "东床",女婿的代称。"羲之",指东晋著名书法家王羲之。
④ "苹藻",水草名,古人用作祭祀,后用作祭祀代称。
⑤ 《晋书》卷51《皇甫谧传》:"皇甫谧,字士安,幼名静,安定朝那人,汉太尉嵩之曾孙也,出后叔父,徙居新安。年二十,不好学,游荡无度,或以为痴。尝得瓜果,辄进所后叔母任氏。任氏曰:'《孝经》云:"三牲之养,犹为不孝。"汝今年余二十,目不存教,心不入道,无以慰我。'因叹曰:'昔孟母三徙以成仁,曾父烹豕以存教,岂我居不卜邻,教有所阙,何尔鲁钝之甚也!修身笃学,自汝得之,于我何有!'因对之流涕。谧乃感激,就乡人席坦受书,勤力不怠。居贫,躬自稼穑,带经而农,遂博综典籍百家之言。沉静寡欲,始有高尚之志,以著述为务,自号玄晏先生。……后得风痹疾,犹手不辍卷。……遂不仕。耽玩典籍,忘寝与食,时人谓之'书淫'。或有箴其过笃,将损耗精神。谧曰:'朝闻道,夕死可矣,况命之修短分定悬天乎!'……自表就帝借书,帝送一车书与之。谧虽羸疾,而披阅不怠。初服寒食散,而性与之忤,每委顿不伦,尝悲恚,叩刃欲自杀,叔母谏之而止。"
⑥ 皇甫谧(215—282),字士安,自号玄晏先生,安定郡朝那县(今甘肃省灵台县)人,后徙居新安(今河南新安),魏晋时期著名的医学家、史学家。

氏。叔母曰："《孝经》云'三牲之养，犹为不孝'①，汝今年[5]余二十，目不存教，心不入道，无以慰我。昔孟母三徙以成人，曾父烹豕以存教②，岂我居不卜邻，教有所阙，何尔鲁钝之甚！修身笃学，自汝得之，于我何有！"因对之涕流。谧乃感激，带经而农，遂博综典籍，自号元晏先生[6]。谧晚年尤耽书，忘疾与食，或有箴其损耗精神③。谧曰："朝闻道，夕死可矣！况命之修短在天乎？"谧又尝自表就武帝借书，帝送一车书与之。谧虽羸疾而披阅不怠。复累诏，竟不仕。

谧之初年游荡乃如彼，晚节成名乃如此，叔母任氏真孟母也。孟母之训其子，母之常也；任母之训其侄，几人哉？

诗

诲存叔侄理宜然，叔母希闻有此贤。

学术作成皇甫谧，不令孟母独光前。

---

① "三牲之养，犹为不孝"，见《孝经注疏》卷6《纪孝行章第十》："居上而骄则亡，为下而乱则刑，在丑而争则兵。三者不除，虽日用三牲之养，犹为不孝也。"

② "曾父烹豕以存教"，指曾参杀猪教子，见《韩非子》卷11《外储说左上》："曾子之妻之市，其子随之而泣，其母曰：'女还，顾反为女杀彘。'适市来，曾子欲捕彘杀之。妻止之曰：'特与婴儿戏耳。'曾子曰：'婴儿非与戏也。婴儿非有知也，待父母而学者也，听父母之教令，子欺之，是教子欺也。父欺子而不信其母，非以成教也。'遂烹彘也。"

③ "箴"，劝告。

【十九】伯父之于侄女当鉴刘平①

刘平弟仲为贼所杀，扶母奔[7]。平抱仲遗腹之女，年方一岁，而弃其己之子。母欲还之，平曰："力不能两活，仲不可绝类。"

兄弟之子，犹子也。犹子云者，是不以兄弟之子异乎己子也。刘平不忍仲之无后，而弃其子以活其弟之子，此皆绝无仅有之事。

诗

大贤至识与谁评，死厌藩篱障此生。

宁弃吾儿存仲后，鸰原高处看刘平②。

【二十】叔之于嫂当鉴颜含马援

颜含有嫂樊氏，丧明。究心医养，求蛇胆不得，忽有青衣童子授之。童子化成飞鸟而去，嫂疾寻愈。③

---

① 《后汉书》卷39《刘平传》："刘平字公子，楚郡彭城人也。……更始时，天下乱，平弟仲为贼所杀。其后贼复忽然而至，平扶侍其母，奔走逃难。仲遗腹女始一岁，平抱仲女而弃其子。母欲还取之，平不听，曰：'力不能两活，仲不可以绝类。'遂去不顾，与母俱匿野泽中。"

② "鸰原"，《毛诗注疏》卷9《小雅·常棣》："脊令在原，兄弟急难。"传："脊令，雝渠也。"郑笺："雝渠，水鸟，而今在原，失其常处，则飞则鸣，求其类，天性也。犹兄弟之于急难。"脊令，也写作"鹡鸰"。后因以"鸰原"谓兄弟友爱。

③ 颜含，颜子二十六世孙，字弘都，琅琊莘人，东晋著名大臣。颜含事见《晋书》卷88《颜含传》："含二亲既终，两兄继没，次嫂樊氏因疾失明，含课励家人，尽心奉养，每日自尝省药馔，察问息耗，必簪屦束带。医人疏方，应须髯蛇胆，而寻求备至，无由得之，含忧叹累时。尝昼独坐，忽有一青衣童子年可十三四，持一青囊授含，含开视，乃蛇胆也。童子逡巡出户，化成青鸟飞去。得胆，药成，嫂病即愈。由是著名。"

马援敬事寡嫂,不冠不入庐。①

世俗以嫂叔之无服也②,是以不谨其名分,惟贤者敬兄如敬其父,事嫂如事其母。颜含、马援何愧焉!

诗③

事嫂须知事母同,此身何处不温恭?

人如颜马今其几?再见斯徒亦可宗。

【廿一】叔之于侄当鉴郗鉴谢安

郗鉴遭永嘉之乱④,穷馁无聊⑤,乡人共食之。鉴常携兄子迈及外甥以就食,乡人以"不能兼口"辞之。鉴乃独往,含饭于两颊,吐与二儿。此叔于艰食之中而能养其侄者。⑥

---

① 马援(前14—49),字文渊,东汉茂陵人。著名军事家,东汉开国功臣之一。马援敬事寡嫂事见《后汉书》卷24《马援传》:"敬事寡嫂,不冠不入庐。"
② 《礼记集解》卷8《檀弓上第三之二》:"丧服,兄弟之子犹子也,盖引而进之也;嫂叔之无服也,盖推而远之也。"郑氏曰:或引或推,重亲远嫌。《日知录集释》卷5《兄弟之妻无服》。
③ 韩应陛评曰:视嫂无异于母,恐亦太过。
④ 郗鉴(269—339),字道徽。高平金乡(今山东金乡县)人。东晋书法家、将领。
⑤ "无聊",生活穷困。
⑥ 《晋书》卷67《郗鉴传》:"初,鉴值永嘉丧乱,在乡里甚穷馁,乡人以鉴名德,传共饴之。时兄子迈、外甥周翼并小,常携之就食。乡人曰:'各自饥困,以君贤,欲共相济耳,恐不能兼有所存。'鉴于是独往,食讫,以饭著两颊边,还吐与二儿,后并得存,同过江。迈位至护军,翼为剡县令。鉴之薨也,翼追抚育之恩,解职而归,席苫心丧三年。"

谢元之好佩紫罗香囊①，其叔谢安患之。不欲伤其意，因戏赌[8]而焚之。此叔于至微之饰而能警其侄者。

食之，诲之，皆欲驱之成人之地，叔父之名郗鉴、谢安有焉。

诗

叔也谁无抚侄心，贤如[9]郗谢寓情深。

吐余颊哺无穷爱，焚却香囊有诲箴。

【廿二】侄之于叔当鉴王济②

王济之叔湛③，兄弟、宗族皆以为痴，惟济与之谈《易》，

---

① "谢元之"，指谢玄（343—388），字幼度，谢安之侄，东晋大臣、军事家。《晋书》卷79《谢玄传》："（谢）玄少好佩紫罗香囊，安患之，而不欲伤其意，因戏赌取，即焚之，于此遂止。"

② 《世说新语笺疏》卷中之下《赏誉第八上》："邓粲《晋纪》：王湛字处冲，太原人。隐德，人莫之知，虽兄弟宗族，亦以为痴，唯父昶异焉。昶丧，居墓次，兄子济往省湛，见床头有《周易》，谓湛曰：'叔父用此何为？颇曾看不？'湛笑曰：'体中不佳时，脱复看耳。今日当与汝言。'因共谈《易》，剖析入微，济所未闻，叹不能测。""武帝每见济，辄以湛调之，曰：'卿家痴叔死未？'济常无以答。既而得叔，后武帝又问如前，济曰：'臣叔不痴。'称其实美。帝曰：'谁比？'济曰：'山涛以下，魏舒以上。'"《晋书》卷75《王湛传》："王湛字处冲，司徒浑之弟也。……兄子济轻之，所食方丈盈前，不以及湛。湛命取菜蔬，对而食之。济尝诣湛，见床头有《周易》，问曰：'叔父何用此为？'湛曰：'体中不佳时，脱复看耳。'济请言之。湛因剖析玄理，微妙有奇趣，皆济所未闻也。济才气抗迈，于湛略无子侄之敬。既闻其言，不觉栗然，心形俱肃。遂留连弥日累夜，自视缺然，乃叹曰：'家有名士，三十年而不知，济之罪也。'……武帝亦以湛为痴，每见济，辄调之曰：'卿家痴叔死未？'济常无以答。及是，帝又问如初，济曰：'臣叔殊不痴。'因称其美。帝曰：'谁比？'济曰：'山涛以下，魏舒以上。'时人谓湛上方山涛不足，下比魏舒有余。湛闻曰：'欲处我于季孟之间乎？'"

③ 王济，字武子，太原晋阳（今山西太原）人，西晋时人，为人善《易》、老庄之学，文辞俊茂，有名当世。

剖析精妙。晋武帝以济之"痴叔"为问。济曰:"臣叔不痴,山涛以下①,魏舒以上②。"湛由是显名。

噫!善则称亲,理之常然。叔父,吾父也。兄弟、宗族以为痴,闻之天子,亦以为痴,而济独以为山涛、魏舒之匹。使湛果痴耶,济不敢欺君以为贤;使济果不贤耶,亦不能称叔之美于其上。有侄如是,何负叔耶!

诗

刚道吾家叔不痴,君言正对岂容欺。

阶前有此奇兰玉③,王湛佳名藉汝驰。

【廿三】娣之于姒当鉴钟氏郝氏④

王浑妻钟氏与弟妇郝氏皆有德行⑤,钟虽门高而与郝相亲重。郝不以贱下钟,钟不以贵陵郝。时人称"钟夫人之礼,

---

① 山涛(205—283),字巨源。河内郡怀县(今河南武陟西)人。三国曹魏及西晋时期名士、政治家,竹林七贤之一,好老庄之学。《晋书》卷43有传。
② 魏舒(209—290),字阳元,任城樊县(今山东兖州)人,魏晋时期名臣,为官清贫,有威严名望。《晋书》卷41有传。
③ "兰玉",芝兰玉树,称誉别人优秀的子弟。《世说新语笺疏》卷上之上《言语第二》:"谢太傅问诸子侄:'子弟亦何预人事,而正欲使其佳?'诸人莫有言者,车骑答曰:'譬如芝兰玉树,欲使其生于阶庭耳。'"
④ 《世说新语笺疏》卷下之上《贤媛第十九》:"王司徒妇,钟氏女,太傅曾孙,亦有俊才女德。钟、郝为娣姒,雅相亲重:钟不以贵陵郝,郝亦不以贱下钟。东海家内则郝夫人之法,京陵家内范钟夫人之礼。"
⑤ 王浑(223—297),字玄冲,太原晋阳(今山西太原)人,魏晋时期大臣。《晋书》卷42有传。王浑妻钟氏名琰之,钟繇后人。

郝夫人之法"。人皆以兄弟睦为家之肥①，苟为娣姒者非其钟、郝，虽有令兄弟，亦为盛德之累。

诗

妇德于人谁独全，一门二姓乃俱贤。

结缡母训粗能守②，钟郝风嘉何慊然。

【廿四】内外兄弟当鉴皇甫谧③

皇甫谧有从姑之子梁柳出守城阳④，有劝谧饯之者。谧曰："柳为布衣时，吾送迎不出门，食不过盐菜，贫者不以酒肉为礼。今作郡送之，是贵城阳太守而贱柳，岂中古之人情？非吾心所安也。"

谧不以待城阳太守之礼而待姑之子，盖平日所以相处者未尝逾礼。一旦以太守之礼礼之，谧所不为也。

诗

穷达休休逐世情，城阳太守即书生。

我于姑子恩为重，贵显都来草芥轻。

---

① "肥"，美。
② "结缡"，代指成婚。《毛诗注疏》卷8《豳风·东山》："亲结其缡，九十其仪。"传："缡，妇人之袆也。母戒女施衿结帨。"
③ 《晋书》卷51《皇甫谧传》："城阳太守梁柳，谧从姑子也，当之官，人劝谧饯之。谧曰：'柳为布衣时过吾，吾送迎不出门，食不过盐菜，贫者不以酒肉为礼。今作郡而送之，是贵城阳太守而贱梁柳，岂中古人之道，是非吾心所安也。'"
④ "从姑"，父亲的叔伯姐妹。《尔雅注疏》卷4《释亲第四》："父之从父姊妹为从祖姑。"亦省称"从姑"。

【廿五】甥舅恩义当鉴羊祜

史氏所载："舅之于甥，每致其厚。"如魏舒之倚宁氏[1]。周翼之倚郗氏[2]，未闻甥之于舅而能致其厚者。羊祜进爵，乞封舅子蔡袭[3]。晋之袁湛尝谓"世无'渭阳'情"[4]，祜而有此，亦景星麟凤[5]。

祜封其舅之子，念母也；念母不可得见，则念舅矣；念舅不可得见，则念舅之子矣。祜仁孝人也，堕泪之碑存乎岘山之下[6]，无所不厚可知也矣。

---

[1] "魏舒之倚宁氏"，魏舒幼年父亲去世，为外祖父宁氏所收养。见《晋书》卷41《魏舒传》。

[2] "周翼之倚郗氏"，周翼幼年遭逢永嘉之乱，得舅父郗鉴悉心抚育得以成人。见《晋书》卷67《郗鉴传》。

[3] "羊祜进爵，乞封舅子蔡袭"，见于《晋书》卷34《羊祜传》："祜当讨吴贼有功，将进爵土，乞以赐舅子蔡袭。诏封袭关内侯，邑三百户。"

[4] 袁湛（379—418），字士深，陈郡阳夏（今河南太康）人，东晋大臣。袁湛语见于《宋书》卷52《袁湛传》："初，陈郡谢重，王胡之外孙，于诸舅礼敬多阙。重子绚，湛之甥也，尝于公座陵湛，湛正色谓曰：'汝便是两世无渭阳之情。'绚有愧色。"亦见于《晋书》卷79《谢朗传》："子绚，字宣映，曾于公坐戏调，无礼于其舅袁湛。湛甚不堪之，谓曰：'汝父昔已轻舅，汝今复来加我，可谓世无渭阳情也。'绚父重，即王胡之外孙，与舅亦有不协之论，湛故有此云。"渭阳"，为秦康公送别舅父晋文公之作，表达甥舅的深厚感情。《毛经注疏》卷6《秦风·渭阳》："我送舅氏，曰至渭阳。何以赠之？路车乘黄。我送舅氏，悠悠我思。何以赠之？琼瑰玉佩。"

[5] "景星麟凤"，比喻杰出的人才。

[6] "堕泪之碑"，即堕泪碑，又名羊公碑，坐落于湖北襄阳山上，是当地百姓为纪念西晋军事家羊祜所建。《晋书》卷34《羊祜传》："襄阳百姓于岘山祜平生游憩之所建碑立庙，岁时飨祭焉。望其碑者莫不流涕，杜预因名为堕泪碑。""岘山"，位于湖北襄阳，羊祜镇守襄阳时，常登临此山。《晋书》卷34《羊祜传》："祜乐山水，每风景，必造岘山，置酒言咏，终日不倦。尝慨然叹息，顾谓从事中郎邹湛等曰：'自有宇宙，便有此山。由来贤达胜士，登此远望，如我与卿者多矣！皆湮灭无闻，使人悲伤。如百岁后有知，魂魄犹应登此也。'湛曰：'公德冠四海，道嗣前哲，令闻令望，必与此山俱传。至若湛辈，乃当如公言耳。'"

诗

谁能三复渭阳诗，举世寥寥此道衰。

念舅幸闻羊叔子①，尚能邀爵[10]到孤儿。

【廿六】同居当鉴张公艺②

张公艺九世同居③，高宗临幸其家问本末，书"忍"字以对，天子流涕，遂赐缣帛。三世一爨尚或有之④，九世而同居者，不惟士庶之所难，虽九重之尊⑤，亦或发问。噫！"为善于家，赏于朝"。信斯言也。"忍"之一字，其原得于颜子"犯而不校"之学⑥，后进皆可以驯致。

诗

万木皆从一本传，比邻尔汝浪纷然。

我知忍字为家宝，会有精神到九天。

---

① "羊叔子"，即羊祜，字叔子。
② 《旧唐书》卷188《张公艺传》："麟德中，高宗有事泰山，路过郓州，亲幸其宅，问其义由。其人请纸笔，但书百余'忍'字。高宗为之流涕，赐以缣帛。"
③ 张公艺（578—676），郓州寿张（今山东阳谷寿张镇）人，历北齐、北周、隋、唐四代，九代同居，和睦相处，是我国历史上治家有方的典范。
④ "爨"（cuàn），灶。
⑤ "九重之尊"，指帝王。
⑥ 《四书章句集注·论语集注》卷4《泰伯第八》："曾子曰：'以能问于不能，以多问于寡；有若无，实若虚，犯而不校，昔者吾友尝从事于斯矣。'"注："校，计校也。"

【廿七】邻居当鉴王吉①

王吉东家有枣②,实垂吉庭中,吉妇取以啖吉,后知之,乃去妇。礼与食,孰重?曰:礼重。一介微物,非我所有而取之,贤者死不肯矣。吉之妻取东家之枣,以资吉之奉,使吉知之于未啖之初,千百年愧赧之恨,不可一日释,况知之于既啖之后耶?故其怒,直至去妇也。

叱狗而去妇,以全其孝③;啖枣而去妇,以厉其行。妇去而枣伐,在常情有所不忍;妇归而枣存,于名教实有所尊。王吉之德,厥光大矣。吉上疏于宣帝,有曰:"夫妇,人伦大纲。"④岂不知夫妇之恩为厚耶?妻遇不以其正,吉所不为也。

诗

克己奇功人不思,可堪邻物更容私。

---

① 《汉书》卷72《王吉传》:"始吉少时学问,居长安。东家有大枣树垂吉庭中,吉妇取枣以啖吉。吉后知之,乃去妇。东家闻而欲伐其树,邻里共止之,因固请吉令还妇。里中为之语曰:'东家有树,王阳妇去;东家枣完,去妇复还。'其厉志如此。"
② 王吉(?—前48),字子阳,西汉时琅琊皋虞(今山东即墨皋虞)人,为官清廉,敢于直谏。
③ 《后汉书》卷29《鲍永传》:"兄鲍永字君长,上党屯留人也。父宣,哀帝时任司隶校尉,为王莽所杀。永少有志操,习欧阳《尚书》。事后母至孝,妻尝于母前叱狗,而永即去之。"
④ 王吉上疏文,见于《汉书》卷72《王吉传》:"夫妇,人伦大纲,夭寿之萌也。世俗嫁娶太早,未知为人父母之道而有子,是以教化不明而民多夭。聘妻送女亡节,则贫人不及,故不举子。又汉家列侯尚公主,诸侯则国人承翁主,使男事女,夫诎于妇,逆阴阳之位,故多女乱。古者衣服车马贵贱有章,以褒有德而别尊卑,今上下僭差,人人自制,是以贪财诛利,不畏死亡。周之所以能致治,刑措而不用者,以其禁邪于冥冥,绝恶于未萌也。"

子阳异日钧衡手[1]，正要扫除天下欺。

【廿八】独居当鉴鲁男子

鲁男子独处于室，邻之嫠妇亦独处于室[2]。嫠妇因风雨室坏，趋而托之，男子不纳。嫠妇曰："子独不见柳下惠乎？"男子曰："柳下惠可，吾固不可。"孔子闻之曰："善学柳下惠者，莫若鲁之男子。"[3]

"执虚如执盈，入室如有人。"[4]士君子于不闻不睹之地，每致其惑于安平无事之日。若曰风雨室坏而纳嫠妇，特仓卒中姑息耳。鲁之男子所以别嫌微者，非其道也。其绝之也宜。

---

[1] "钧衡手"，指担当国家重任之人。
[2] "嫠妇"，寡妇。
[3] 《孔子家语》卷2《好生》："鲁人有独处室者，邻之厘妇亦独处一室。夜，暴风雨至，厘妇室坏，趋而托焉，鲁人闭户而不纳。厘妇自牖与之言：'子何不仁而不纳我乎？'鲁人曰：'吾闻男子不六十不闲居。今子幼，吾亦幼，是以不敢纳尔也。'妇人曰：'子何不如柳下惠然？妪不逮门之女，国人不称其乱。'鲁人曰：'柳下惠则可，吾固不可。吾将以吾之不可，学柳下惠之可。'孔子闻之，曰：'善哉！欲学柳下惠者，未有似于此者，期于至善，而不袭其为，可谓智乎。'"此故事最早见于《毛诗注疏》卷12《小雅·巷伯》："哆兮侈兮，成是南箕。"传："鲁人有男子独处于室，邻之厘妇又独处于室。夜，暴风雨至而室坏，妇人趋而托之，男子闭户而不纳。妇人自牖与之言曰：'子何为不纳我乎？'男子曰：'吾闻之也，男子不六十不间居。今子幼，吾亦幼，不可以纳子。'妇人曰：'子何不若柳下惠然？妪不逮门之女，国人不称其乱。'男子曰：'柳下惠固可，吾固不可。吾将以吾不可，学柳下惠之可。'"孔子曰："欲学柳下惠者，未有似于是也。"
[4] 《礼记正义》卷35《少仪第十七》："执虚如执盈，入虚如有人。"

诗

看取中庸数百言，惟于谨独最居先[①]。

鲁夸男子为标置，我谓持循理合然。

【廿九】贫贱则励固穷之操当鉴谢侨[11]

谢侨素贫[②]，尝一朝无食，其子启欲以班史质钱。答曰："宁饿死，岂可以此充食乎？"饥食渴饮，人之常尔。一日之计不办，而侨之子请以其书质钱，贫可知矣。侨宁饿死而不从，亦可谓固穷之异乎人者。

诗

去信犹胜去食难，质书那肯给朝餐。

谢侨脱或从儿请，殁后身名作么看。

【三十】富贵则防席势之骄当鉴房元龄穆宁柳玭

房元龄治家有法度，常恐诸子骄侈，席势陵人。于是乎集《家诫》。柳玭清直有父风，常恐子孙事坠先训，则异他人，

---

① 《四书章句集注·中庸章句》："右第三十三章。子思因前章极致之言，反求其本，复自下学为己谨独之事，推而言之，以驯致乎笃恭而天下平之盛。又赞其妙，至于无声无臭而后已焉。盖举一篇之要而约言之，其反复丁宁示人之意，至深切矣，学者其可不尽心乎！"

② 谢侨，字国美，南朝梁陈郡阳夏人。

"虽生可以苟爵,死不可见祖先地下"。于是乎集《家训》①。穆宁居家严,有四子曰赞、曰质、曰员、曰赏,皆以行义显。时人目之以珍味,如酪、酥、醍醐、乳腐,亦家令之严乃至此。唐正元【12】间言家法者,惟韩、穆二家,即韩休、穆宁也②。

诗

世禄骄从气体移,谁将礼乐问镃基。

倘严家法如三子,福汝孙孙无尽期。

---

① 《新唐书》卷163《柳玭传》:"玭尝述家训以戒子孙曰:夫门地高者,一事坠先训,则异它人,虽生可以苟爵位,死不可见祖先地下。门高则自骄,族盛则人窥嫉。实艺懿行,人未必信;纤瑕微累,十手争指矣。所以修己不得不至,为学不得不坚。夫士君子生于世,己无能而望它人用,己无善而望它人爱,犹农夫卤莽种之而怨天泽不润,虽欲弗馁,可乎?余幼闻先公仆射言:立己以孝弟为基,恭默为本,畏怯为务,勤俭为法。肥家以忍顺,保交以简恭,广记如不及,求名如傥来。莅官则洁己省事,而后可以言家法;家法备,然后可以言养人。直不近祸,廉不沽名。忧与祸不偕,洁与富不并。……"

② 《新唐书》卷163《穆宁传》:"四子:赞、质、员、赏。宁之老,赞为御史中丞,质右补阙,员侍御史,赏监察御史,皆以守道行谊显。先是,韩休家训子侄至严。贞元间,言家法者,尚韩、穆二门云。"

《集事诗鉴》后序

右《诗事》所刊三十条,皆匹夫匹妇可与知、可能行者。《孟子》曰:"规矩方员之至,圣人人伦之至。"前序所言尧舜、王季、文王,皆极其至者。匹夫匹妇,如有一人之行显闻于世,皆能致身贵显。如邓禹、李勣等之立大功,如孔融、贾逵辈之为名儒,如何曾、谢安、王吉数君子致身宰辅,皆古贤人也。如王珪之母李氏、皇甫谧之叔母任氏、姜诗、乐羊子之妻,皆古贤妇也,信史所传,风声可挹。若夫四维不张,六逆驯致,古人卓绝之行,不可及见,得见庸行者,斯可矣!庸行犹不及见,是不知有狼之仁、乌之哺,何容身于天地之两间。

《集事诗鉴》姑为择善而从者设,勿谓今之俗不能行古之道。其闻之也久,其渐之也深。童而习之,知古人有是事,虽不能尽效古人所不可及之迹,仰事俯育,心所同然,稍有戾于名教,独无愧于心乎?《孟子》曰:"壮者以暇日修其孝悌、忠信,入以事其父兄,出以事其长上,可使制挺以挞秦、楚之坚甲利兵。"此言何谓也?《孟子》之言,则孝悌、忠信可以无敌于天下,况一家乎?行之一家,则一乡而准;行之一乡,则一国而准;一国所化,天下化之,又非《诗鉴》之所能名也。莆阳吏隐方昕景明书。

校勘记

【1】"乡里咸叹异之",原作"难异之",据知不足斋丛书本改。

【2】"少止",知不足斋丛书本作"不止"。

【3】"宜摈四裔","宜"字漫灭,据知不足斋丛书本补。

【4】"羊祜",原作"羊佑",据知不足斋丛书本改。下同,不另出校勘记。

【5】"今年",原作"今十",据知不足斋丛书本改。

【6】"元晏先生",据《晋书·皇甫谧传》,应为"玄晏先生",宋人避赵宋始祖赵玄朗讳改。

【7】"扶母奔"后原衍一"仲"字,据知不足斋丛书本删。

【8】"戏赌",原作"戏睹",据文意改。

【9】"如",原作"知",据知不足斋丛书本改。

【10】"邀爵",原作"游爵",据知不足斋丛书本改。

【11】"谢侨",原作"谢桥",据知不足斋丛书本及本条内容改。

【12】"正元",即贞元(785—805),唐德宗李括的年号。此为宋人避宋仁宗(赵祯)讳改。

附录二　诸家序跋

重刊《袁氏世范》序

苏老泉《族谱亭记》，义主于"积之有本末，施之有次第。"顾通篇专举乡之望人以为戒，其词隐，其旨远，读之者或未能得其微意之所存焉。

若兹《世范》一书，则凡以"睦亲"、以"处己"、以"治家"者，靡不明白切要，使人易知易从，"俗训"云乎哉？即以达之四海，垂之后世无不可已。吴门袁子又恺，新修家谱于汝南，文献搜罗大备矣，近获陶斋、谢湖两先生珍藏《世范》，附梓于后，正如夏鼎商彝，灿陈几席，令人不作三代以下想。微特袁氏所当世宝，抑亦举世有心人亟奉为典型者也。此书曾刊于陶南村《说郛》、钟瑞先《唐宋丛书》中，类多讹缺。今属宋雕善本，雠校精审，沈晦数百年乃得又恺重登梨枣，顿还旧观，是诚作者之厚幸也夫！

乾隆五十三年戊申立冬日，震泽杨复吉撰（《知不足斋丛书本》第十集）。

《袁氏世范》三卷（永乐大典本）

宋袁采撰。案《衢州府志》，采字君载，信安人。登进士第三，宰剧邑，以廉明刚直称。仕至监登闻检院。陈振孙《书录解题》称采尝宰乐清，修《县志》十卷。王圻《续文献通考》又称其令政和时，著有《政和杂志》《县令小录》。今皆不传。是编即其在乐清时所作，分睦亲、处己、治家三门，题曰《训俗》。府判刘镇为之序，始更名《世范》。其书于立身处世之道，反复详尽，所以砥砺末俗者，极为笃挚。虽家塾训蒙之书，意求通俗，词句不免于鄙浅，然大要明白切要，使览者易知易从，固不失为《颜氏家训》之亚也。明陈继儒尝刻之《秘笈》中，字句讹脱特甚。今以《永乐大典》所载宋本互相校勘，补遗正误，仍从《文献通考》所载，勒为三卷云。（《四库全书总目汇订》卷92《子部二·儒家类二》，第五册）

《世范》一函，三册

宋袁采撰。采，字君载，信安人。登进士，仕至监登闻鼓院。书三卷。上卷《睦亲》六十五条，中卷《处己》六十七条，下卷《治家》七十四条。前有淳熙戊戌刘镇序，己亥采自序，刊木时作也。是本万历癸卯重梓，吴献台序。镇，字叔安，南海人。嘉泰二年进士。献台，莆田人。万历庚辰进士，官顺天府尹（《天禄琳琅书目后编》卷16《明版子部》）。

《袁氏世范》三卷 知不足斋丛书本

宋袁采撰。采,字君载,信安人,登进士第三,官至监登闻鼓院。《四库全书》著录,《书录解题》《通考》《宋志》俱杂家类俱载之。君载知乐清县时,以近世老师宿儒,多以其言,集为语录,传示学者,然皆议论精微,不可开悟中人以下,因于官事之暇,别着是编,分为三卷,一曰睦亲,二曰处己,三曰治家。皆数十条目,专取其可以厚人伦而美习俗,为吾人日用常行之道。其言则精确而详尽,其意则敦厚而委曲。习而行之,诚可以为孝悌,为忠恕,为善良,而有士君子之行矣!初名是书为《俗训》,通判刘镇为之序,称其书"岂惟可以施之乐清,达诸四海可也;岂惟可以行之一时,垂诸后世可也"。因为之更其名曰《世范》云。绍熙元年,君载复自记于后。此书曾刊于《说郛》《秘笈》《唐宋丛书》中,类多讹舛,皆非足本①。今馆臣因就《永乐大典》所载宋本,互相校勘,补遗正误,称为善本。鲍渌饮又从袁廷梼得宋刊本,刻入丛书,冠以《提要》及乾隆戊申杨复吉序,末有袁表、袁褧及廷梼三跋。

《集事诗鉴》一卷 知不足斋丛书本

宋方昕撰。昕,字景明,始末未详。自序称莆阳吏隐。倪氏宋志补杂家类。著录。案《袁氏世范》后附明正德袁褧跋,称此书

---

① "皆非足本",原作"非皆足本",据文意改。

为《诗鉴》,附袁氏书后。乾隆庚戌,袁廷梼跋亦云。前载景明自序,首行忽称《增广世范诗事序》,其序及后跋并不提及《袁氏世范》一字。此盖鲍渌饮欲以是书附袁氏书后,而故多方增改其书名也。景明以人伦之道不明,人伪滋炽,衣冠辈流,覆车莫戒,闾阎编户,弊将若何。因稽诸史册,有先贤所可喜之节,匹妇所可传之事,如子之于父当鉴顾恺,子之于母当鉴陈遗之类,厘为三十卷。所集之训,皆引古而列于后,亦指事而赋之诗,其词浅近,不为艰深,以期智愚贤不肖皆可以取信,俾之遵道而行也。较诸从前颜元孙家训、房元龄家诫、穆宁家令、柳玭家训、司马光家范诸书,尤属匹夫匹妇可以与知可以能行者矣。故虽不因《袁氏世范》而作,正可附袁氏书以并行也。(《郑堂读书记》卷36《子部一之上·儒家类一》)

《世范》三卷 乾隆戊申吴氏刻本

宋袁采《世范》三卷,《四库》著录为《永乐大典》中宋本。《武英殿丛书》无排印,故世不多见。明陶宗仪《说郛》本、陈继儒《秘籍类函》本、钟瑞先《唐宋丛书》本皆非足本。《秘笈》本讹谬尤多,自来藏书家每以不见原帙为憾也。乾隆庚戌,袁廷梼得宋本三卷,后附方昕《集事诗鉴》三十条,以授歙人鲍廷博刻入《知不足斋丛书》。其书非单行,世复不多见。此为乾隆甲寅大兴吴裕德与善堂刻本,字大悦目,校勘极精。书法吴兴,绝似宋、元旧椠。后附《集事诗鉴》并袁廷梼跋，知即据袁藏宋本重刊，诚善本也。此书自宋、元以来即为齐家至宝。陈振孙《直斋书录解题》、马端临《经籍考》皆著于录。孔行素《至正直记》"年老蓄婢妾"条云："年老蓄婢妾，最为人之不幸。此《袁氏世范》言之甚详，有家者当深玩之。"可见此书在元时为士大夫所诵法。《四库全书总目提要》称其："明白切要，易知易从，为《颜氏家训》之亚。"不诬也。至后附撰《诗鉴》之方昕，鲍本及此本均不言其里居事迹，惟第四条"母之于子当鉴王珪母李氏"称"本朝苏参政易简"云云，似是宋人语。岂其人后于袁氏不远者欤？光绪甲辰五月夏至记（《郘园读书志》卷5《子部》）。

《袁氏世范》三卷，（宋）袁采撰。《集事诗鉴》一卷，（宋）方昕撰。宋刻本。韩应陛跋并录。袁表、袁褧、袁廷梼题识。框高十七·二厘米，宽十二·六厘米。每半叶十一行，行二十字，白口，左右双边。《诗鉴》每半叶十一行，行十九字。

袁采，生卒年不详。字君载，新安（今浙江衢州）人。生当宋高宗、孝宗朝。隆兴元年（1163）进士第三。初为县令，以廉明刚直著称，仕至监登闻鼓院。所著《袁氏世范》，后人推为《颜氏家训》之亚。《世范》成于其乐清县令任上，为"厚人伦而美习俗"而撰写，分睦亲、处己、治家三卷，原名《训俗》。淳熙五年（1178）袁采"将版行"于乐清时曾向府判刘镇请求赐序，序中刘镇称此书不仅可以"施之乐清，达诸四海可也"，不仅可以"行之一时，垂诸后世可也"，故建议其更名为《世范》。袁采推辞再三后采纳其言，并于淳熙六年自序其事，序中称其书成编后"假而录之者颇多，不能遍应，乃锓木以传"，落款署"淳熙己亥上元三衢梧坡袁采书于乐清琴堂"。可知《世范》一书在淳熙五至六年间确已刊行于乐清县任上。此序见于《四库全书》本卷首，据提要可知系自《永乐大典》中辑出。又，明陈继儒尝刻之《宝颜堂秘笈》中。此本卷三末所附袁采序内容与《四库全书》本、《宝颜堂秘笈》本全同，落款题署则为"绍熙改元长至三衢梧坡袁采书于徽州婺源琴堂"。因知此本并非淳熙初刻本。

方昕，《宋史》无传，生平几不可考。据《集事诗鉴》自序所题"莆阳吏隐方昕景明"，知其字景明，曾在莆阳为官。

此本构、慎字未见；敦字两出，均不讳。北宋诸帝名讳及其嫌名，如敬、县等字均不缺笔，亦可证此非该书之初刻本。又，书中多用俗字，如"禮"写作"礼"，"無"写作"无"，"學"写作"孝"，"舉"写作"挙"，"興"写作"𢍯"，"盡"写作"尽"，"爾"写作"尔"，"蓋"写作"盖"，"體"写作"体"，"號"写作"号"等等，不一而足。观其风格似为宋末福建地区坊刻本，疑之与"莆阳吏隐方昕"有关。

书末韩应陛跋语称："此本一卷'父母多爱幼子'一条云：'方其长者可恶之时，正值幼者可爱之时，曰父母移其爱长者之心而爱幼者，其憎爱之心从此而分，遂成迤逦。最幼者当可恶之时，下无可爱之者，父母爱无所移，遂终爱之。'语自明白。鲍本于'最幼者'二语'爱'、'恶'二字互易，'下'字做'不'字，文理遂牵强难过。"按，鲍本指鲍廷博《知不足斋丛书》本。核之鲍本，此段并无异文。文字有出入者实为乾隆甲寅（五十九年　一七九四）袁氏与善堂翻宋本。

此本钤"袁表印"、"袁昶"、"袁褧印"、"应陛手记印"等印。现藏中国国家图书馆。（张燕婴）(《中华再造善本总目提要·唐宋编·子部》)

附录三　海内外袁采及《袁氏世范》部分研究论著

论著：

〔日〕西田太一郎：《〈世范〉中所见同居异财生活的一个侧面》，《东亚人文学报》1卷1号（1941年）。

梁太济：《读〈袁氏世范〉并论宋代封建关系的若干特点》，《内蒙古大学学报（哲学社会科学版）》1978年第2期。

〔美〕伊沛霞（Patricia Buckley Ebrey），*Family and Property in Sung China: Yüan Ts'ai's Precepts for Social Life*, Princeton University Press, 1984.

陈智超：《〈袁氏世范〉所见南宋庶民地主》，《宋辽金史论丛》第1辑，中华书局1985年版。

周兴春：《袁采论治家、修身、处世》，《道德与文明》1989年第6期。

〔日〕古林森广：《关于南宋袁采的〈袁氏世范〉》，《史学研究》184（1989）。

陈延斌：《〈袁氏世范〉的伦理教化思想及其特色》，《道德与文明》2000年第5期。

赵忠祥、方海茹：《〈袁氏世范〉的家庭教育思想及现代价值》，《河北师范大学学报（教育科学版）》2005年第1期。

林朝成：《睦亲与息诤——〈袁氏世范〉、〈唐臣公传家规范〉中的家庭伦理》，《成大中文学报》2007年第17期。

刘欣、吕亚军：《兴讼乎？息讼乎？——对〈袁氏世范〉中有关诉讼内容的分析》，《邢台学院学报》2009年第3期。

李强：《〈袁氏世范〉的家庭伦理教化思想及现代意义》，纪念《教育史研究》创刊二十周年论文集（2）——中国教育思想史与人物研究会议论文，2009年9月。

朱均灵：《论袁采的女性观》，《漳州师范学院学报（哲学社会科学版）》2010年第4期。

黄锦君：《宋袁采及他的〈袁氏世范〉》，《宋代文化研究》第十八辑，四川大学出版社2010年版。

高著军：《〈袁氏世范〉关于家庭的内容及其俗训特征》，《大连大学学报》2011年第2期。

张学强、李玉丽：《〈袁氏世范〉家庭教育思想的内容及其特征分析》，《大理学院学报》2013年第2期。

王瑞山：《试论〈世范〉中的青少年犯罪预防思想》，《青少年犯罪问题》2013年第4期。

张陶然：《〈袁氏世范〉中的治安智慧》，《北京警察学院学报》2013年第5期。

何平月：《袁采的〈袁氏世范〉对当今道德文明建设的影响》，《兰台世界》2014年第20期。

付钰：《〈颜氏家训〉与〈袁氏世范〉在童蒙养正领域的

比较研究》,《金田》2015 年第 1 期。

〔日〕大泽正昭：《南宋地方官的主张——读〈清明集〉〈袁氏世范〉》,汲古书院 2015 年版。

赵宁宁、姚建军：《论袁采教子观》,《兰台世界》2015 年第 28 期。

杨雪翠：《品评〈袁氏世范〉中的家教智慧》,"儒学齐家之道与当代家庭建设国际论坛"论文（2015 年 5 月）。

周颖：《试析〈袁氏世范〉道德教育思想》,《江苏第二师范学院学报》2016 年第 2 期。

范国强、张洁：《〈袁氏世范〉的家庭教化与治家之道》,《新西部》（理论版）2016 年第 29 期。

李勤璞：《权力与温情：南宋知县袁采的生涯和政治》,《大连大学学报》2016 年第 5 期。

学位论文：

封娟：《〈袁氏世范〉家庭伦理思想研究》,河北师范大学伦理学硕士学位论文,2009。

颜筱恬：《〈袁氏世范〉教育意涵之研究》,台北市立教育大学教育学系硕士学位论文,2009。

韩安顺：《〈袁氏世范〉主体思想研究》,青岛大学专门史硕士学位论文,2011。

蒋黎苿：《袁采与〈袁氏世范〉研究》,东北师范大学中国古典文献学硕士学位论文,2012。

董菁:《〈袁氏世范〉家庭德育内容探析》,山西师范大学教育史硕士学位论文,2012。

焦唤芝:《〈袁氏世范〉家庭伦理思想及其现代价值》,南京大学伦理学硕士学位论文,2015。

刘杰:《〈颜氏家训〉与〈袁氏世范〉家庭教育思想比较研究》,东北师范大学中国教育史硕士学位论文,2015。

参考文献

（清）孙星衍撰，陈抗、盛东铃点校：《尚书今古文注疏》，中华书局1986年版。

周秉钧：《尚书易解》，华东师范大学出版社2010年版。

（汉）郑玄笺，（唐）孔颖达疏：《毛诗注疏》，上海古籍出版社2013年版。

（汉）韩婴著，许维遹注释：《韩诗外传集释》，中华书局1980年版。

（汉）郑玄注，（唐）贾公彦疏：《周礼注疏》，上海古籍出版社2010年版。

（汉）郑玄注，（唐）贾公彦疏：《仪礼注疏》，北京大学出版社1999年版。

（汉）郑玄注，（唐）孔颖达正义：《礼记正义》，上海古籍出版社2008年版。

孙希旦撰：《礼记集解》，中华书局1989年版。

（魏）王弼注，（唐）孔颖达疏：《周易正义》，北京大学出版社1999年版。

（晋）杜预撰，李梦生整理：《春秋左传集解》，凤凰出版社 2010 年版。

程树德：《论语集释》，中华书局 1990 年版。

（清）焦循：《孟子正义》，中华书局 1987 年版。

（宋）朱熹：《四书章句集注》，中华书局 1983 年版。

（唐）李隆基注，（宋）邢昺疏：《孝经注疏》，上海古籍出版社 2009 年版。

（晋）郭璞注，（宋）邢昺疏，王世伟整理：《尔雅注疏》，上海古籍出版社 2010 年版。

（汉）许慎撰，（宋）徐铉校正：《说文解字》，中华书局 1963 年版。

（汉）司马迁：《史记》，中华书局 2013 年版。

（汉）班固：《汉书》，中华书局 1962 年版。

（南朝宋）范晔：《后汉书》，中华书局 1965 年版。

（晋）陈寿：《三国志》，中华书局 1959 年版。

（唐）房玄龄等：《晋书》，中华书局 1974 年版。

（南朝梁）沈约：《宋书》，中华书局 1974 年版。

（唐）令狐德棻等：《周书》，中华书局 1971 年版。

（唐）李延寿：《南史》，中华书局 1975 年版。

（后晋）刘昫等：《旧唐书》，中华书局 1975 年版。

（宋）欧阳修、宋祁：《新唐书》，中华书局 1975 年版。

（元）脱脱：《宋史》，中华书局 1985 年版。

（宋）王称：《东都事略》，台湾商务印书馆1983年版。

（宋）李心传撰，胡坤点校：《建炎以来系年要录》，中华书局2013年版。

（宋）马端临著，上海师范大学古籍研究所、华东师范大学古籍研究所点校：《文献通考》，中华书局2011年版。

无名氏编：《宋大诏令集》，中华书局1962年版。

（清）徐松辑，刘琳、刁忠民、舒大刚、尹波等点校：《宋会要辑稿》，上海古籍出版社2014年版。

（宋）陈襄：《州县提纲》，台湾商务印书馆1983年版。

（宋）李元弼：《作邑自箴》，商务印书馆1934年版。

（宋）宋慈著，贾静涛点校：《洗冤集录》，上海科学技术出版社1981年版。

（宋）郑克撰，杨奉琨校释：《折狱龟鉴》，复旦大学出版社1988年版。

（宋）窦仪等详定，岳纯之校证：《宋刑统校证》，北京大学出版社2015年版。

中国社会科学院历史研究所宋辽金元史研究室点校：《名公书判清明集》，中华书局2002年版。

（宋）谢深甫撰，戴建国点校：《庆元条法事类》，黑龙江人民出版社2002年版。

（元）徐元瑞著，杨讷点校：《吏学指南》，浙江古籍出版社1988年版。

（唐）李吉甫撰，贺次君点校：《元和郡县图志》，中华书局1983年版。

（明）沈杰修，（明）吾冔、吴夔纂：《（弘治）衢州府志》，上海书店1990年版。

（明）杨准修，（明）赵镗等纂：《（嘉靖）衢州府志》，西泠印社出版有限公司2009年版。

（宋）晁公武撰，孙猛校证：《郡斋读书志校证》，上海古籍出版社2011年版。

（宋）陈振孙著，徐小蛮、顾美华点校：《直斋书录解题》，上海古籍出版社1987年版。

（清）周中孚撰：《郑堂读书记》，北京图书馆出版社2007年版。

（清）彭元瑞等撰：《天禄琳琅书目后编》，上海古籍出版社2007年版。

（清）莫友芝撰，傅增湘订补：《藏园订补郘亭知见传本书目》，中华书局2009年版。

叶德辉：《郋园读书志》，上海古籍出版社2010年版。

魏小虎编撰：《四库全书总目汇订》，上海古籍出版社2012年版。

陈士珂辑：《孔子家语疏证》，上海书店1987年版。

（清）王先谦：《荀子集解》，中华书局2012年版。

朱谦之：《老子校释》，中华书局1984年版。

（宋）苏辙撰，黄曙辉点校：《道德真经注》，华东师范大学出版社2010年版。

（清）郭庆藩：《庄子集释》，中华书局1961年版。

杨伯峻：《列子集释》，中华书局2012年版。

刘文典：《淮南鸿烈集解》，中华书局1989年版。

（战国）韩非：《韩非子》，上海古籍出版社1996年版。

（清）孙诒让：《墨子间诂》，中华书局2001年版。

颜昌峣：《管子校释》，岳麓书社1996年版。

吴则虞：《晏子春秋集释》，中华书局1962年版。

徐元诰：《国语集解》，中华书局2002年版。

（汉）刘向辑录：《战国策》，上海古籍出版社1998年版。

陈奇猷校释：《吕氏春秋校释》，学林出版社1984年版。

黄晖：《论衡校释》，中华书局1990年版。

汪荣宝：《法言义疏》，中华书局1987年版。

（清）陈立撰，吴则虞点校：《白虎通疏证》，中华书局1994年版。

严可均辑：《桓子新论》，中华书局1965年版。

（北魏）颜之推著，王利器注：《颜氏家训集解》，中华书局1993年版。

程水龙：《近思录集校集注集评》，上海古籍出版社2012年版。

（战国）尉缭子：《尉缭子》，中州古籍出版社2010年版。

〔日〕丰田省吾：《新校金匮要略》，学苑出版社 2012 年版。

（宋）赵佶敕编，郑金生、汪惟刚校注：《圣济总录》，人民卫生出版社 2013 年版。

（元）李鹏飞著，张志斌、张心悦、李强校点：《三元参赞延寿书》，福建科学技术出版社 2013 年版。

（明）高濂著，王大淳等点校：《遵生八笺》，人民卫生出版社 2007 年版。

梁章巨：《退庵随笔》，文海出版社 1966 年版。

（清）徐大椿：《医学源流论》，人民卫生出版社 2007 年版。

（汉）焦延寿：《焦氏易林》，台湾商务印书馆 1983 年版。

（南朝宋）刘义庆著，（南朝梁）刘孝标注，余嘉锡笺疏：《世说新语笺疏》，中华书局 2011 年版。

（唐）刘𩆜著，程毅中点校：《隋唐嘉话》，中华书局 2005 年版。

胡道静：《梦溪笔谈校证》，上海人民出版社 2011 年版。

（宋）孟元老著，邓之诚注：《东京梦华录注》，中华书局 1982 年版。

（宋）程大昌撰，许沛藻、刘宇整理：《演繁露》，大象出版社 2008 年版。

（宋）赵升著，王瑞来点校：《朝野类要》，中华书局 2007

年版。

（清）顾炎武著，黄汝成集释，栾保群、吕宗力点校：《日知录集释》，上海古籍出版社2006年版。

（清）李渔著，江巨荣、卢寿荣校注：《闲情偶寄》，上海古籍出版社2000年版。

（宋）陈元靓：《事林广记》，中华书局1999年版。

无名氏编辑：《新编居家必用事类全集》，书目文献出版社1993年版。

王明：《太平经合校》，中华书局1960年版。

王明：《抱朴子内篇校释》（增订本），中华书局1985年版。

杨明照：《抱朴子外篇校笺》，中华书局1991年版。

（宋）留用光传授，（宋）蒋叔舆编撰：《无上黄箓大斋立成仪》，上海书店1988年版。

（唐）道世撰，周叔迦校注：《法苑珠林校注》，中华书局2003年版。

（唐）义净、（唐）玄奘：《药师琉璃光如来本愿功德经》，新文丰出版公司1982年版。

（清）王梓材、冯云濠编撰，沈芝盈、梁运华点校：《宋元学案补遗》，中华书局2011年版。

（宋）洪兴祖补注，白化文等点校：《楚辞补注》，中华书局1983年版。

（宋）辛弃疾撰，邓广铭笺注：《稼轩词编年笺注》，上海古籍出版社1993年版。

顾绍柏校注：《谢灵运集校注》，中州古籍出版社1987年版。

袁行霈：《陶渊明集笺注》，中华书局2011年版。

（唐）韩愈著，钱仲联集释：《韩昌黎诗系年集释》，上海古籍出版社1984年版。

（唐）柳宗元：《柳河东集》，上海古籍出版社2008年版。

（宋）司马光撰，李文泽、霞绍晖点校：《司马光集》，四川大学出版社2010年版。

（宋）张孝祥：《于湖居士文集》，商务印书馆1936年版。

（宋）叶适著，刘公纯等点校：《叶适集》，中华书局1961年版。

（宋）陆游：《陆放翁全集》，中国书店1986年版。

（宋）杨万里撰，辛更儒笺校：《杨万里集笺校》，中华书局2007年版。

（宋）姚勉著，黄建荣点校：《雪坡舍人集》，江西教育出版社2004年版。

（元）胡次炎：《梅岩文集》，台湾商务印书馆1983年版。

（元）李存：《俟庵集》，台湾商务印书馆1983年版。

（南朝梁）萧统编，（唐）李善注：《文选》，上海古籍出版社1986年版。

王重民等：《敦煌变文集》，人民文学出版社1984年版。

邓广铭、程应镠主编：《中国历史大辞典·宋史卷》，上海辞书出版社1984年版。

商务印书馆编辑部：《辞源》，商务印书馆1988年版。

汉语大字典编辑委员会编辑：《汉语大字典》（缩印本），湖北辞书出版社、四川辞书出版社1992年版。

龚延明：《宋代官制辞典》，中华书局1997年版。

李之亮：《宋两江郡守易替考》，巴蜀书社2001年版。

傅璇琮主编：《宋登科记考》，江苏教育出版社2005年版。

宗福邦、陈世铙、萧海波主编：《故训汇纂》，商务印书馆2007年版。

后 记

> 追求得到之日即其终止之时，
> 寻觅的过程亦即失去的过程。
>
> ——村上春树

又到了写后记的时刻，回忆起本书整理的种种往事，"如人饮水，冷暖自知"。2015年春季开学，我不慎偶感风寒，头痛、咳嗽，种种不适接踵而至，当时恰逢研究生复试、开题、预答辩诸事纷至沓来，一时间手忙脚乱，应接不暇，故虽一直服药，病情却不见好转，反有加重之势。当时不分白天黑夜，咳嗽就像空袭的警报，没有任何征兆便突然拉响，而且每次咳嗽的时间还挺长。咳嗽的久了，我脑海中便不自觉地闪现出影视剧中常见的情节：一个缠绵病榻之人，突然间剧烈地咳嗽起来，然后用手帕遮住嘴巴，展开手帕时，镜头便会给手帕一个特写——手帕中肯定有血！接下来，这个倒霉的家伙肯定很快便挂掉了。所以后来每每咳嗽不止时，我便会不自觉地发一阵呆，恍惚自己成为剧中那个缠绵病榻之人，然后提心吊胆却又不由自主地瞅一眼掩过嘴的纸巾，想找找上面是否也有一抹殷红。还好，影视剧中的情节并未在我身上出现，我便又肆无忌惮地咳嗽起来。

白天还好一些，晚上咳嗽就麻烦很多。因为居所回旋余地较小，晚上咳嗽控制不住时，怕吵醒了熟睡的内子和女儿，我便每每赶紧从卧室捂住嘴跑到稍远的阳台，然后关上阳台门继续咳嗽。这样的日子也不知道过了多久。后来有一天和内子聊天无意中说起此事，我不无伤感地说："要是有所大房子就好了，这样晚上咳嗽的时候我至少可以躲得远一些。"内子幽幽地看了我一眼，平静地说："你为什么不想早点病好，不咳嗽了呢？"我张口结舌，半晌说不出话来，内心几乎是崩溃的。在那一瞬间，我一下子找到了内子平日笑话我学术无法精进的真正原因：我的思维已经僵化且锈迹斑斑了！

"人生难得暂时闲。"生病打乱了我正常的工作和生活，却也让我有借口暂时放下手头的事情，享受一下"葛优躺"。一日，我随手从书架上拿起购置已久却一直未曾翻看的《袁氏世范》聊作消遣，没想到几条读下来，竟然有种"开编真似逢知己"的感觉，不知不觉一口气将整部书看完（当然该书篇幅短小也是非常重要的原因）。

就我个人的感觉，《袁氏世范》语言平实，虽然没有"慷慨激昂，催人尿下"的豪言壮语与华丽辞藻，但却像嚼槟榔，读后有一股说不出的味道让人难忘，这让我恍惚找到了多年前读刘震云小说的感觉。

《袁氏世范》已有整理本问世（我读的便是此本），所以起初我并无重新整理此书的想法。后来无意中看到《中华再造善本》中收录了《袁氏世范》的宋刻本，病中闲来无事，将宋刻本与其他几个通行本对校，发现诸本竟然存在颇多异文，而整理本《袁氏世范》也有可商榷之处，我于是便来了兴致，洗洗不睡，以宋刻本为底本，重新校注此书，聊作二竖为虐之纪念。

由于校注此书最初只是个人病中无聊解闷之举，所以当病情好转，重新恢复正常的工作学习后，我便将草草完成的初稿束之高阁，自己给出的理由是现在太忙，留待他日再作进一步充实修改，当然这不过是我做学术虎头蛇尾的一向借口，我知道这部稿子极有可能重蹈之前许多草稿的悲剧，像弃妇一样被我放置在计算机某处文档中，随着时间流逝而淡忘。幸运的是，这本小书尚没有沦落成"闲坐说玄宗"的"白头宫女"，便被"打捞"出来。一日我在网上聊天，偶遇肖帅帅师妹，在得知我有这样一部不成形的书稿时，她热情积极地推动我将其加工出版。帅帅师妹入门时，我已经毕业离开京城，负笈南下就职于河北保定，但她却为了我这个未曾谋面师兄的一本小书的出版劳心费神，让我真切感受到浓浓的同门之谊。可以说，没有她的不辞劳苦，拙作不会如此迅速地面世。

虽然在正式出版前我又对初稿进行了修改，但水平所限，

后记

这个校注本肯定存在诸多不足之处，而我不揣浅陋出版此书，是因为村上春树说过："完美的文章并不存在，就像完美的绝望不存在一样。"既然"人生中出现的一切都无法拥有，只能经历。一切的得与失，隐与显，都是风景与风情"。我只希望本书是一块能引玉的砖，等将来有方家整理出更成熟、更完备的《袁氏世范》时，我这个粗陋的本子便可弃如敝屣，扔进"历史的垃圾堆"里了。

刘云军

乙未年十二月于河北大学宋史研究中心

丙申年八月修订

补 记

　　本书 2015 年底交稿，2016 年稍作修改，2017 年再次修改。这次修订是在浙江大学人文高等研究院完成的。感谢高研院提供的优良工作环境，让我可以抛开杂事，在极度放松和舒适的状态下完成这项工作。我利用这次机会再次对全文认真作了核校，调整了几处标点，注释和校勘也作了删改，同时对发现的其他问题也予以改正。当然，书中可能仍然存在一些问题，敬请广大读者批评指正。

丁酉年五月于浙大高研院